きちんと「食べる」、きちんと「暮らす」

食材にこだわり、笑顔を届ける
「関西よつ葉連絡会」の45年

岡田晴彦 著

発行：ダイヤモンド・ビジネス企画　発売：ダイヤモンド社

「よつ葉憲章」

1. 私たちは食は自然の恵み・人も自然の一部という価値観に重きを置き、自然との関わりを大切にする、安心して暮らせる社会を求め、その実現にむけて行動します。

2. 私たちはモノよりも人にこだわります。バラバラにされた生産・流通・消費のつながりをとりもどし、そして人と人とのつながりを作り直します。

3. 私たちは食生活の見直しを通じて、世界の人々の生活を考え、共に生きる道をめざします。

4. 私たちは目先のとりあえずの解決より、根本的な未来に向けた暮らしの創造をめざします。

5. 私たちは志を同じくする団体や個人との協同を、小異を超えて追求します。

はじめに

新型コロナウイルスの感染防止策として政府や自治体がとった「ステイホーム」の呼び掛けは、「宅配」ビジネスの存在を際立たせることとなった。

それでも、注目される多くの事例はアメリカ系企業の宅配サービスが中心だったが、実はコロナ禍から遡ること数十年も前から日本に食材の宅配というシステムが生まれ、多くの食材が家庭に届けられてきた事実がある。

その先駆者的な存在が、本書の主人公「関西よつ葉連絡会」である。

関西よつ葉連絡会——通称「よつ葉」は、大阪を中心として、京都・奈良・滋賀・兵庫・和歌山・三重と関西全域に拡がる、食品・生活用品供給の「ネットワーク」だ。現在、約四万世帯の消費者会員（「よつ葉ホームデリバリー」会員）を擁し、関西各地域に二〇ある「産直センター」から食品などを宅配している。

……というと、「ああ、コープ（生協）みたいな消費者団体ね」というイメージを抱く方が多いだろう。確かに、各種のコープ宅配と「よつ葉ホームデリバリー」

には、似通った部分もある。しかし、一方では違いも大きいのだ。

何より、よつ葉は単なる「消費者団体」ではない。「能勢農場」などの自前の農場を持ち、「大北食品」「別院食品」などの自前の工場を持っているという点だけ見ても、そのことはご理解いただけるだろう。

消費者団体なら、既成の生産者や工場から一方的に供給を受けるだけである。それに対し、よつ葉は自ら「生産者」の側にも立っているのだ。

また、「よつ葉ホームデリバリー」の現場の担い手となる産直センターは、それぞれ独立した法人ではあるものの、関西よつ葉連絡会の一部門として同じ志を共有している。他部門との連携も密接だ。人材の交流も盛んで、産直センターから他部門に異動する例も多い。

つまり、よつ葉は消費者団体というより、「生産→流通→消費」という食べものを巡る一連の大きな流れに、すべて関わる総合的ネットワークなのだ。

よつ葉に草創期から携わる古参メンバーの一人は、取材の中で、「『六次産業』なんて言葉が生まれるずっと前から、よつ葉は六次産業だった」と胸を張って言った。

六次産業とは、農業などの一次産業と製造・加工の二次産業、流通・小売りの三次産業が有機的に結びつき、一体化することによって新たな付加価値を生み出そうとする動きである（「1＋2＋3＝6」であることから「六次産業」の名がある）。

この「六次産業」という造語が生まれたのは、一九九〇年代半ば。東大教授などを務めた農業経済学者・今村奈良臣氏が提唱した言葉であった。一方、よつ葉はそれに先駆けること二〇年前の七〇年代半ばに生まれたのだから、古参メンバーの〝豪語〟にもうなずける。

一般に言う「六次産業化」は、農業など一次産業の衰退傾向を踏まえ、その活性化のために取り組まれる面が大きい。

それに対し、よつ葉が黎明《れいめい》期から巧《たく》まずして取り組んできた「六次産業化」は、もっとポジティブな志向性を持っている。単なる消費者団体になるのではなく、自らも「生産」活動に参加することで食べものを作る苦労と喜びを体験し、そのことで農業の問題、世界の問題を考えるために始めた取り組みなのだ。

よつ葉は、「食の安心・安全」の問題に一貫して取り組んできた。その取り組みの根底にあるのは、「食べものを巡る社会的仕組みを作り変えなければ、安全な食べものを手に入れることはできない」という信念だ。「生産→流通→消費」に総合的に携わるシステムを作り上げたのは、その信念故でもある。

従来の利益最優先、大企業最優先の食のあり方からは、食の安全をないがしろにしてでも利益を上げようとするひずみが、必ず生じてくる。繰り返されてきた食品偽装問題などは、そのほんの一例である。

しかし、単なる消費者団体であったなら、そこまでの生産↓流通のプロセスで生じるひずみをすべて「チェック」することは不可能だ。だからこそ、よつ葉は「生産↓流通↓消費」を「自前」化し、全プロセスに目が行き届く仕組みを作り上げたのである。

もちろん、数百品目に上るよつ葉ホームデリバリーの商品が、すべて自前の農場や工場で作られているわけではない。だが、各地の契約生産者から提供されるそれらの商品も、「それがどのように作られたものか?」をスタッフが自分の目で確かめ、同じ志を持つ生産者たちと信頼関係を結んだ上で供給されている。

そして、契約生産者は国内のみならず、世界各国に拡がっている。日本の関西という限定されたエリアのサービスではあるが、よつ葉のネットワークは今やグローバルなのだ。

「志ファースト」の基本スタンス

ここまで、関西よつ葉連絡会を「ネットワーク」と表現してきた。

よつ葉の各部門を成す「ひこばえ」(商品企画・仕入れ・カタログ制作担当)や「よつば農産」(農産品の企画・入出荷を取り扱う部門)、「大北食品」(惣菜工場)、「別院食品」(豆腐工場)などは、それぞれ「株式会社」になっている。その意味で、よつ葉は企業グループであり事業体と言える。企業である以上は利益を上げ続けなければ存続できず、よつ葉もまた一つの「ビジネス」ではある。

しかし、よつ葉各部門の人たちに取材を重ねれば重ねるほど、一般に言う「企業」のイメージとはおよそかけ離れた団体であるという印象が強まった。どの人にも、一般の企業経営者が濃密に持っている「商売っ気」というものが、まったく感じられないのだ。「ネットワーク」という言葉を敢えて用いたのはそのためである。

例えば、一般企業であれば、マスコミの取材に対して自社の長所を強調し、短所はなるべく見せないようにするもので、アンフェアな隠蔽《いんぺい》でない限り、「なるべくよく書いてもらおう」とする配慮が働くのは、人間心理として当然だろう。

ところが、よつ葉の人たちにはそのようなけれん味がまったくなく、過去の失敗談やよつ葉の改善すべき点などを、あけすけに、また楽しそうに語ってくれる。〝自分たちを飾って、実態よりもよく見せよう〟という虚栄心など、みじんもない人たちだ。

そのことに当初は取材者として大いに戸惑ったが、取材を続けるうちに好感を抱くようになり、やがて、ファンとなっていってしまった。

「よつ葉は、この上なく正直で飾らない人たちの集まりであり、だからこそ信用できる」と感じたのだ。


また、よつ葉の各部門の責任者たちは、「もうけたいとは思うけど……」というような言葉もそろって口にする。

よつ葉も事業である以上、利益を上げなければならない。それは当然のことなのだが、利益を上げることは決して「目的」ではない。それは、目的に近づくための手段であり、プロセスなのだ。「けど……」の後にはそのような言葉が続くのだと思う。

では、「目的」は何か？　それはよつ葉の「憲法」ともいうべき「よつ葉憲章」に掲げられた理想である。ここでは五項目のうち、最初の第一項、二項のみを引こう。

1．私たちは食は自然の恵み・人も自然の一部という価値観に重きを置き、自然との関わりを大切にする、安心して暮らせる社会を求め、その実現にむけて行動します。

2．私たちはモノよりも人にこだわります。バラバラにされた生産・流通・消費のつながりをとりもどし、そして人と人とのつながりを作り直します。

よつ葉の全スタッフが共通してこのような高い志を抱き、その実現に向けて日々の仕事に取り組んでいる。だから、仮に「このまま進めばさらに利益が上がるが、よつ葉の理想からは遠ざかる」という局面が生じた場合、その利益を敢えて捨てることもあるのだ。

実際の例を挙げよう。ある国の農園と契約して輸入していたバナナが、地元農民を不当に搾取し、こき使って作られているという実態がわかった。そのバナナは味がよく、よつ葉会員にも好評だった。しかし、「農民への搾取によって作られた果物を、よつ葉が扱うのはよくない。それはよつ葉の理念に反する」という意見が内部で相次ぎ、取り扱いを中止したのである。搾取の実態から目をそらしてその農園のバナナを扱い続けたほうが、利益は上がっただろう。だが、「よつ葉憲章」に照らしてそれはできない相談だったのだ。

その例に顕著なように、よつ葉では利益は大切だが、最優先ではない。利益を上げることがよつ葉の理念に反するような事態が出来《しゅったい》した場合、よつ葉の人たちは迷わずに理念・志のほうを優先するのだ。いわば、利益至上主義ならぬ「理念至上主義」「志ファースト」が、よつ葉の基本スタンスなのである。

以上のことからわかる通り、よつ葉は「企業グループ」というよりは「共同体」、「事業体」というよりは「運動体」であって、社会運動としての側面を色濃く持っているのだ。

そのような「関西よつ葉連絡会」の各部門に、本書は章ごとにスポットライトを当てる。実は、よつ葉についてのこのような本は、過去になかった。

自前の農場の一つ「能勢農場」については、過去に『流れに逆らって――能勢農場20年の記録』（能勢農場出版編集委員会編著／新泉社）という書籍が刊行されている。しかし、これはよつ葉の一部門のみの記録であり、しかも刊行は一九九七年と約四半世紀前である。よつ葉の「いま」の全体像を活写した書籍は、本書が初となるのだ。

よつ葉は、機関紙等を通じて自分たちの活動を説明することに熱心な団体だ。筆の立つスタッフも多く、「今回扱い始めたこの商品にはこんな物語があって……」などという〝解説〟が機関紙に掲載されることもよくある。

会員諸氏は、それらの情報を通じて断片的によつ葉のことを知っている。しかし、本書のように体系的によつ葉の歴史や取り組みを知る機会は、あまりなかったのではないか。

本書によって、会員の方々がよつ葉への理解を深め、さらには「よつ葉の会員になってみようかな?」と考えている方の背中を押すことができれば幸いだ。また、本書が日本の食のありようについて考えるきっかけとなれば、望外の喜びである。

二〇二一年一月

株式会社ダイヤモンド・ビジネス企画　取締役・編集長　岡田晴彦

目次

第1章

よつ葉のカタログづくりを支える女性たち

―「会員さんと同じ目線を大切にしたい」という思い

1 女性の視点から女性が納得してくれる商品を選び、伝えていく

「よつ葉ホームデリバリー」の各会員宅に、毎回の配達時に届けられる商品カタログ『Ｌｉｆｅ（ライフ）』。その制作と、商品仕入れ・企画・開発を担当しているのが、「ひこばえ」だ。

つまり、よつ葉の品ぞろえと、それを会員の皆さんにどう知らせるかを決める部門である。そこで働くのは、配達を担う人々とは別の形で、顧客とよつ葉の接点となる。

よつ葉会員の中心は女性たち、子を持つ母たちである。だからこそ、商品企画やカタログ制作を担うスタッフにも、年代の近い女性が多い。立場が同じであるからこそ、会員たちが望む商品開発の機微が理解しやすいのだ。

そこで第1章では、ひこばえの各部門のリーダーとして、「よつ葉ホームデリバリー」の最前線を担う四人の女性たちに、話を聞いた。四人とも子育て中の母でもある。

『Life（ライフ）』キチンと食べる。キチンと暮らす。

制作部・和田玲美さん

「我が子に誇れる仕事がしたかった」

会員宅に週一回届けられる、オールカラー・計四〇ページのカタログ『ライフ』。

その制作を担う部門の責任者を務めているのが、制作部の和田玲美さんだ。

「現在、『ライフ』は私含めて八人のスタッフで制作に当たっています。私が『ライフ』を作り始めて、もう一〇年になります。今は八人のスタッフの中では一応リーダー役ですね」

和田さんは、ひこばえに入社する前、一般のデザイン・プロダクションで、主に通販関係のカタログをデザインする仕事に就いていた。商品カタログのデザインはお手のものであった。

「ただ、当然のことですが、一般の通販カタログは、そこに載せる商品をデザイナーが選ぶわけではありません。中には、『個人的に、この商品は好きになれないなあ』と思う商品もありました。

それでも、クライアントの意向に沿って、それを素晴らしい商品としてカタログで扱わないといけない……そういうことが積み重なるとストレスも溜《た》まってきて、仕事がつらくなってきたんです。一〇年前の転職当時は、そんな状態でしたね」

当時、和田さんの息子さんはまだ小さかった。ふと、「この子がもう少し大きくなって物心ついたとき、私は自分の仕事を息子に誇れるだろうか？」と考えた。「どうせ働くなら、自分が心から良い商品だと思えるカタログが作りたい」――そう思い始めた。

「ちょうどそんなときに、ひこばえでカタログ制作のデザイナーを募集していたんです。よつ葉の商品はお店で好んで買っていましたし、その考え方に共鳴するところがありました。そこで、『この仕事だったら長く続けられるかもしれない』と思って応募したんです」

デザインだけではない、深い関わり

かつて一般の通販カタログをデザインしていた和田さんだからこそ、『ライフ』というカタログの独自性がよくわかる。

「一般の商品カタログの場合、デザイナーの役割はただデザインするだけですね。

制作部・和田玲美さん

商品の写真とテキストデータをドサッと渡されて、『じゃあ、見栄えのいいデザインをよろしく』という感じです。

『ライフ』のデザインはそうではないんです。例えば、よつ葉の会員さんと生産者さんを交えた交流会をよく開催していますが、私もそこには必ず参加します。また、『ライフ』に載せるために生産者さんを取材するときには、同行したりもします。そこで一緒に話を聞いて、製造現場を見せてもらったりもします。

だから、よつ葉の商品が、どのような現場で、どういう思いで作られているかを知った上で、『ライフ』のデザインをしているんです」

カタログに載せる商品写真の撮影にも必ず立ち会う。また、『ライフ』に載せる文章についても、「もう少し、こういう書き方をしたほうが、この商品の魅力が伝わると思う」などと意見を述べることがよくあるという。

「一般のデザイン事務所よりは一歩踏み込んで、いろんなことに関わっていますね。その分だけ大変さはありますけど、やりがいもあります。何より、『ライフ』で扱う商品は、私自身が食べたり使ったりした上で『これはいい商品だ』と思えるものばかりですから」

逆に、よつ葉ならではのカタログ作りの難しさとしては、どういうところが挙げ

『ライフ』表紙検討会

られるだろう？

「よつ葉の加工食品は、添加物などを一切使っていないので、市販の加工食品のような人工的な鮮やかな色合いではなく、ナチュラルですね。だから、そのナチュラルさを損なうことなく、なおかつおいしそうに見せるのは、割と苦心している点でしょうか。

今は写真の色合いを変えるのは簡単ですから、鮮やかな明るい色に加工はいくらでもできます。でも、よつ葉の会員さんは人工的な鮮やかさなんて求めていませんから。本来の色合いを活かして、おいしそうに見せる。その辺の兼ね合いが難しいですね」

「生産者の人となりや食べものの向こう側も伝えたい」

企画部・松尾章子さん

『ライフ』のレシピ欄は、会員に根強い人気を持つコーナーである。気に入ったレシピを切り抜いてノートに貼り込み、独自のレシピ集にして利用している会員も少なくない。レシピ欄担当の苦心には、どのようなものがあるだろう？　企画部食品部門の責任者で、管理栄養士でもある松尾章子さんに聞いてみた。

「『ライフ』に載るレシピは、自分たちでも考えますが、会員さんにオリジナル・レシピの募集をかけるなどもして集めています。大部分は、そこに応募してきた会員さんと私が打ち合わせをした上で決めているものです。

会員さんといっても、中には料理教室を開いていたり、お店をやっていたりするプロの方もいます。ただ、『ライフ』に載せるレシピは、忙しくても、料理が得意でなくても手軽にできる料理という基本コンセプトで選んでいます。

料理のプロから見て『簡単な料理だ』と感じる料理でも、そうでない人からすれば『手の込んだ料理』に思えてしまうケースがあるんですね。あ、これやってみよう、と感じてもらえるように。私はその辺の調整をする役割です。

それと、よつ葉の会員さんには菜食主義の方、マクロビオティックや薬膳にこだわっている方もおられるので、そういったレシピも積極的に取り入れています。味はもちろんのこと、栄養面にも気を配っているレシピなので、『いつもレシピを楽しみにしています』という声を聞くと、とてもうれしいです」

松尾さんは、『ライフ』の表紙部分に当たる「特集」欄も担当している。

「表紙の特集については、うちで扱っている商品の生産者にスポットを当てるパターンと、その週のイチオシ食品について掘り下げるパターンが多いですね。

表紙については、売上目標は立てないようにしています。売上というハードルをつけてしまうと、売れ筋商品ばかりを表紙で扱いがちになって、内容が偏ってしまうからです。

表紙を読んで、へぇ、この人こんなこと考えてるんだ、とか、生産者の人となりを感じてもらえたら、企画は成功かなと思います。ただ、伝えたいあまりに、表紙部分で文字量をあまり多くしてしまうと、会員さんから見て取っつきにくい、小難しいカタログになってしまいます。ですから、『表紙であまり語り過ぎない』ということを肝に銘じて作っています

ね」

「スローフードなどイタリアの食文化から学ぶ」

企画部・松尾章子さん

よつ葉ホームデリバリーの会員は、毎週の『ライフ』を見て、イタリア産の食品が充実していることに気付いているだろう。特に、ワイン類については、よつ葉が扱っているラインナップを、あれほどリーズナブルな価格で扱っているところは、おそらくどこにもない。

そのような、イタリア食品を直接輸入し、その魅力を会員さんに紹介することも松尾さんの大きな役割の一つである。イタリア留学経験がある彼女は、その知識と経験をよつ葉の仕事にも活かしてきた。

「なんでよつ葉がイタリア？　と思われるかもしれませんが、スローフードなど、食や生き方に対する考えで共感できる部分は多いと思います。食べるものは違っても、食べることを喜びたい、大切にしたいという気持ちは同じで、交流を続けることで気付くこともたくさんあります。会員さん向けのイベントなどを通じてそれを感じてもらえたらうれしいし、よつ葉のことをもっと知ってもらえたらなと思いながら、いつもお話させていただいています。

またイタリアの生産者が来日したときには、彼らが日本酒の蔵元とか醤油《しょうゆ》の生産者を見学するときに通訳兼ガイドで同行して、イタリア—日本の生産者同士の交流のお手伝いもしています」

生産者や会員との「距離感」の近さ

企画部・吉田理恵さん

「自分がおいしいな、これは良い商品だから、ぜひ会員さんに知ってもらいたいな」いつもそういう思いで仕事をしています。と語るのは吉田理恵さん。以前は営業職だったが、農業や食に携わる仕事がしたいとの思いでひこばえに転職して五年。現在はパンやお菓子、飲料分野の企画を担当している。

「砂糖や醤油などの調味料は定番の商品があり、それを定期的に企画していきます。お菓子の分野はその逆で、もちろん定番の商品はありますが、バレンタインやこどもの日、クリスマスなど季節の催事に合わせて、新しい商品を開拓したり、今だったらバスクチーズケーキが流行っているから、取引のある生産者さんに相談してよつ葉の仕様に合うように開発してもらうなんてこともありますね。お菓子といっても、保存料や合成の着色料や香料は不使用、小麦粉や乳製品は国内産（海外産の場合は有機認証を取得したもの）など厳しい基準があるので、市販のスーパーで扱っているものとは違います。その上で安心して食べてもらえて、おいしい、そしてお菓子としてのワクワク感や喜びのあるものを探すのは、なかなか大変なんで

企画部・吉田理恵さん

すよ。無添加で素材にこだわるほど、原材料の費用はかさみ、手間はかかる、商売としては厳しくなります。それでも無添加にこだわって作っている生産者さんは私たちと同じ志を持っている方なので、取引先というよりも、仲間同士という感じですね」

「例えば二〇二〇年、新型コロナウイルスの影響で、広島県瀬戸田の生産者のレモンが大量に余っていると相談を受けました。そこで京都のジャム生産者に相談したところ、二つ返事でレモンの加工を引き受けてくれて、レモンマーマレードなどの商品が出来上がったのです。そんなエピソードも含めてカタログで紹介したところ、とてもたくさんの注文をいただいて。商品をただ売るだけじゃなくて、作っている人の思いも一緒に届ける、それを受け止めてくれる会員さんがいる。改めてよつ葉で仕事をしていてよかったなと感じた出来事でした」

よつ葉は、良心的な生産者同士が有機的につながるための触媒のような役割も担っているのだ。

また、よつ葉は、会員との「距離」も近い。料理教室や生産者との交流会などで、会員の声を直接聞く機会もあるし、配送スタッフを通じて寄せられる要望にできる限り応えるという姿勢である。

その一例として吉田さんが挙げるのは、食物アレルギーへの対応だ。

「ミニたい焼きココアという商品を企画してほしいとリクエストがあったのです。娘さんに乳製品アレルギーがあり、一般的なチョコレートクリームは乳成分が含まれるが、この商品ならココアと豆乳をベースにしたクリームなので食べられるという理由でした。

お子さんに食物アレルギーがあることがきっかけで、よつ葉に入会される方も多いですし、アレルギーがあるお子さんにも、お菓子を食べる楽しさや喜びを味わってもらいたい。私自身も子育てをするようになって、その思いは強くなりました。でも、あまりストイックにこれはダメ、あれもダメとなるのもお互いにしんどいので、しっかりと知識を持った上でどう判断していくか、子どもってこんなお菓子が好きなのか、これを無添加で作れないかなど、逆転の発想で企画のヒントを探す機会にしています」

また会員さんの声から学ぶことも多い。よつ葉では南九州の郷土菓子である「あくまき」を毎年五月の初旬に企画している。

「私は入社するまでまったく知らなかったのですが、あくまきは灰汁《あく》でもち米を蒸したお菓子で南九州では端午の節句に食べる習慣があるのです。『鹿児島出身の母と一緒に食べて、昔話に花が咲きました』といった感想から『こんなに灰汁の味が薄いのは本当のあくまきじゃない』というお叱りの言葉も。思い出の味だからこそ、会員さんの声がどんどん寄せられるんですよね」

会員、生産者、企画担当が一緒になって作り上げているのがよつ葉のカタログ、ひいてはよつ葉なのだ。

生活雑貨も自らの目で見極めて

企画部・福田久美さん

福田久美さんは、『ライフ』に載る数多い商品のうち、食品ではないもの——つまり生活雑貨全般を担当している。

「ひこばえに入社してから、もう一八年になります。その間には私自身も出産・子育てをしてきましたし、今はよつ葉の平均的会員層に、年齢的にも近づいたと思います」

よつ葉ホームデリバリーで、どのような生活雑貨品を取り扱うのか、そこにも基本となる考え方がある。

「まず地場産業など、地域や生産者や背景が見えたり、伝えられるものですね。また、環境や使い手に優しいもの、フェアトレードなど特徴のあるものが多いです。さらによつ葉はいわゆる『合成洗剤』を扱っておらず『石けん』の品ぞろえが多いことも特徴です。魅力的な生産者が多く、ファンもそれぞれおられます。

お店やネットなど、便利な世の中ですが、使ってくださる方の生活に彩りを添えたり、使って満足していただけるような商品提案でありたい、と思っています。なかなか難しく、試行錯誤ですが」

「そして、どんな商品でも、商品だけを見てすぐに取り扱いを決めるのではなく、どういう人や会社が作っているのかを見極めてから決めます。例えば、よつ葉で扱っているオーガニックコットンの下着は、工場を見せていただいたり、どういう志で作っておられるかを会社の方によく聞いた上で、扱いを決め、もう一〇年以上のお付き合いです。

もちろん、事業活動である以上は売上や利益も大事ですが、それが最優先ではないのがよつ葉の姿勢です」

本当に紹介したい商品や生産者を中心に

よつ葉ホームデリバリーの売上比率でいうと、雑貨は全体の一五％程度。当然のことながら、食品が売上の中心である。同業他社では雑貨の商品企画を外部の業者に丸投げしているところが多いという。

「カタログのページ単位で外注する形ですね。『ここのページはA社さん、ここからここまではB社さんお願いね』という感じで。どういう商品を扱うかは外注先が決めるのです。

そうすることで、発注する側は売上管理がしやすくなります。言葉を変えると、売上でしか評価されないと思います。だから、外注された側も、なるべく利益が上がるもの、売上がいいものを優先して商品を選びます。『本当に会員さんに紹介したい商品や生産者』という基準ばかりじゃなくなってくるのです」

「ただ、長持ちするいい商品であればあるほど、短期的に見ると売上にはつながりにくいもどかしさもあります。食品とは違ってすぐなくなるものではないので、一度買ったらしばらくは買わないですし……。そこをいかに売上につなげていくか、が難しい課題です。定番商品がカタログの中で埋もれてしまわないようにするとか、そのときに買ってもらえなくても記憶に残るように、いろいろ工夫はしています。

あとは、いい商品にはそのメーカーさんのファンが生まれます。『あのメーカーの商品なら買ってみよう』と思ってくれたらうれしいです」

企画部・福田久美さん

2 座談会――よつ葉の未来を考える

ここまでにお話を伺った四人に集まってもらい、関西よつ葉連絡会の未来をテーマに語り合っていただいた。

大きくなり過ぎたらできないこともある

――漠然とした質問ですが、皆さんはこれからの関西よつ葉連絡会を、どういうふうにしていきたいと思っていますか？

松尾　変えていきたいというよりは、今やっていることを一〇年先も二〇年先も続けていけたらいいなと思っています。

食べものを通じて人と人を結んでいくとか、よつ葉がやっていることはこの社会にとってとても大切なことだと思うので、そこはぶれずに頑張っていきたいですね。

福田　規模の拡大については、どんどん大きくしていけばいいというふうには私は思わないんですね。小さいメーカーや生産者さんとのお付き合いも多いし、大きくなり過ぎたらできないこともあると思うんです。でも、事業活動としては、ある程度の規模を保つ必要もあります。その辺の兼ね合いが難しいところではあります。

ただ、よつ葉がやっていることをもっとたくさんの人に知ってもらえたら、仲間になってくれる人は多いと思うし、「知ってもらう努力」はどんどん続けていくべきでしょうね。

吉田　そうですね。規模が大きくなることよりは、「人と人をつなぐ力」をもっと強めていくことが必要なんだと思います。

松尾　私もそう思う。よつ葉に入会してくださる人、そしてずっと継続してくださる人を見ていると、どんな宣伝よりも会員さんの口コミがいちばん強力なんだなとしみじみ思いますし。

和田　よつ葉が始まった経緯を考えても、「どんどん事業を拡大しよう」と思って始まったわけではないですよね。「志」に共感して入会してくださったり、取引を開始してくださったりする。その意味では、志の部分をさらに強化していくことが、よつ葉の「人と人をつなぐ力」を強めていくことにもなるんだと思う。

吉田　だから、会員さんの増やし方も、「入会したらお得ですよ」とかよりも、「一緒に仲間になりませんか？」というスタンスでありたい、と個人的には思っています。お客様というよりは「仲間」だと……。生産者さんに対してもそうですよね。取引先というより、仲間だという意識のほうが強い。よつ葉はよく「スタンスが生産者寄りだ」と言われますけど、それは偏っているというより、対等な立場であることをめざしているだけだと思います。

――日本全体の高齢化の中で、「若い会員さんをもっと増やしたい」というのはよつ葉の大きな課題かと思いますが……。

松尾　年齢でターゲットを区切るよりは、よつ葉がやっていることに興味を抱きそうな人たちに、自然な形でアピールしていくのがいちばんいいような気がします。

福田　よつ葉の取り組みに興味を持って入ってくる人は、一〇人いたら一人か二人だと思うんです。つまり、全体の一～二割。でも、それを無理に勧誘して三～四割の人を入会させようとしても、結局離れていくような気がします。

問題があるとすれば、本来共感してくれるはずの一～二割の人たちの間で、よつ葉を知らない人が多いこと。

よつ葉は宣伝下手？

――この本を作るためにたくさんのよつ葉関係者にお話を伺って、しみじみ思ったことは、「もっとガンガンよつ葉の良さをアピールしてもいいのに」ということです。

和田 関西よつ葉連絡会を創ってきた第一世代の人たちのスタンスが、「よつ葉の仲間になりたければなればいいし、離れたかったら離れればいい」というものなんですよ。会員を増やすことにガツガツしていないというか。後に続く私たちの世代も、そのスタンスを何となく受け継いでいるところがあるんだと思います。

福田 そういえば以前、『ライフ』の紙面の使い方について、会員さんから「ちょっと謙虚過ぎるわ」「もっと書いたらいいのに」と言われたことがあります。

福田 東日本大震災で被災して大阪に移転・避難してきたある生産者の商品を先日値下げすることができたのですが、その説明がサラッとし過ぎです、と言われました。

松尾 うちの場合、「カタログの文章はできるだけ簡潔明瞭に、ポイントを押さえて」というスタンスだから。

福田 そうそう。それに、「よつ葉はこんなにすごいんですよ」みたいに、自分たちを誇張して書くというスタンスでもない。

松尾　謙虚というのではないんだけど、例えば「国産無添加です」みたいな情報は、基本的にはよつ葉では当たり前だから、逐一カタログに書き込んだりしないんですよね。

福田　その辺を誇張して宣伝したり、あるいはオシャレにアピールするのが世の中の傾向ですよね。でも、よつ葉はそのどちらでもない。謙虚というより、宣伝下手ではあるのかもしれませんね。

よつ葉の「イメージ戦略」を考えよう

――よつ葉は宣伝下手、アピール下手である、と……。その辺を改善するために、「イメージ戦略」を考えるとしたら？

和田　例えば、「配達スタッフの統一ユニフォームを作ったらどうか？」という話は何度か出たことがありますけどね。

松尾　統一ユニフォーム、私はあってもいいと思いますけど。

和田　問題になるのは、各地域の配送センター（産直センター）がそれぞれ別法人・別組織だというところ。それぞれ独立した会社なので、全体で一律に何かを変えるというのは、ハードルが高いんです。

福田　産直センターによっては、配達スタッフが着るシャツの色をそろえているところはありますね。みんな真っ黒いポロシャツ着てたりとか、別の産直はみんなオレンジのシャツだったりとか。

吉田　産直ごとにバラバラだから、よつ葉全体のトータルイメージというのが、なかなかつきにくいんですね。共通のカタログはあるし、「よつ葉ホームデリバリー」と検索すれば、統一のホームページは出てくる。でも、それ以外のイメージがバラバラ。考えてみれば、よつ葉のイメージカラーというものもないですし。

松尾　統一イメージは難しいとしても、「カリスマ配達スタッフ」は作れるんじゃないかなと思っています。

吉田　あっ、それはアリかも。配達スタッフの中には強い個性の持ち主も少なくないし、会員さんにすごく人気のある人もいますからね。

——確かに、『ライフ』では生産者さんには毎号光が当たっていますが、配達スタッフとか、スタッフに光を当てるコーナーがあってもいいかも。

福田　配達スタッフが原稿を書くコーナーはもうありますよ。

吉田　書いた本人の写真とプロフィールとかも載せていて、「あ、うちに配達来てる子やん」とか、会員さんもそれを見て結構盛り上がるみたいです。「あの写真はアカンな。本物はもっと男前やのに」とか（笑）。

松尾　佐川急便のイケメン配達スタッフを集めた、「佐川男子」のカレンダーとか写真集が結構売れているじゃないですか？　あれに倣ってイケメンを集めた「よつ葉男子」のカレンダーとか作ろうか（笑）。

和田　そういう思い切ったことを、私たちの世代が、私たちの感覚でやったら、ちょっと面白いかなと思う。第一世代からは絶対出てこない発想ですよね。

会員との接点――配達現場の大切な役割

福田　カタログの『ライフ』を直接作っているのは私たちですが、各産直センターのみんなが、「自分たちもカタログ作りに参加している」という感じにもっと変えていけたらいいですね。実際、配達スタッフが直接聞いてきてくれる会員さんの声が、『ライフ』にはさまざまな形で生きていますし。

松尾　配達スタッフとひこばえや生産者が交流する機会はもっと増やしたほうがいいのかもしれません。実際に会員さんと顔を合わせているのは、配達スタッフたちなので。

福田　今、世間的には、配達は外部委託して、配達専門の業者に任せるケースも多いでしょう。そういう場合、商品企画開発部門と現場の配達スタッフとの接点はほとんどないし、会員さんと商品や生産者についても話したりということも少ないのではないかなと思うんです。その点、職員が配達するよつ葉にはその接点が多いのは、大きな強みですよね。

また、よつ葉の職員は、独自に「研修部会」というのを運営していて、それは勉強会なんです。例えば、生産者さんのところに職員が行って話を聞いたり、あるいは原発について勉強したりする。そういう、職員が主体的に学ぶ姿勢というのはよつ葉のユニークなところで可能性だと思います。

——言ってみれば、単なる配達スタッフというより、販売員であり様々な受付窓口でもある。

吉田　そうですね。会員さんたちから見れば、誰よりも自宅に届けてくれる配達スタッフこそが「よつ葉の顔」なんです。

松尾　会員さんからの問い合わせや商品の問題点の指摘も、よつ葉では配達スタッフたちが直接受けています。確かに手間がかかり、大変ですが、そこからさまざまな気付きが生まれ、自分たち自身の改善にダイレクトにつながります。これが仮に、コールセンターで受ける形にしていたら、きちんと伝わらないケースも多いと思います。配達スタッフが直接受けてくれるから、気持ちが伝わりやすい面があります。

第2章

ゼロから作り上げた農場

―よつ葉の原点「能勢農場」がたどってきた道のりと、めざすもの

食肉の安全を極めることで飛躍した畜産部門

今や多くの部門を持つネットワークとなっている「関西よつ葉連絡会」。その原点は、現在よつ葉の畜産部門を担っている「能勢農場」にある。

今から四四年前の一九七六年、当時はまだ電気すら通っていない荒れ地であった場所（大阪府豊能郡能勢町山辺の一角）を開墾するところから、能勢農場の歴史は始まった。

大阪府の最北端に位置する能勢町は、大阪の中心部から車で一時間ほどかかる。府内とはいえ都市部とはまったく異なり、緑豊かな中山間地域である。総面積の約八割が山地で、どこか懐かしい田園風景が広がる。

この能勢農場の畜産部門が大きく飛躍するきっかけとなったのは、二〇〇〇年代初頭に日本を揺るがせた「ＢＳＥ（牛海綿状脳症）問題」であった。当初は「狂牛病」という恐ろしい名前で呼ばれた牛の疫病で、飼料に含まれていた肉骨粉が異常プリオンというタンパク質に汚染されていたために感染が拡大した。

二〇〇一年に千葉県でＢＳＥの疑いがある牛が発見されたことを契機に、食用牛の全頭検査が導入されるなどの対応がされた。そして、この問題は牛肉偽装事件の相次ぐ発生につながり、畜産食肉業界の闇を浮かび上がらせた。

草創のメンバーの一人である津田道夫さんはこう語る。

「全頭検査が導入されて、牛一頭一頭に個体識別番号という耳標（牛の耳に付けるタグ）が付けられるようになりました。その耳標によって、日本で飼育されている牛はすべてコンピュータで管理されるようになったのです。でも逆に言うと、それまではまったくわからなかったわけです。それがあかうし（赤牛）なのか和牛なのかホルスタインなのかは、肉を見ただけではわかりませんから。利益を優先させる業者が交雑種を和牛ですと偽って肉を売っても、消費者には確かめようがなかったわけです。実際、そのような偽装が横行していたことが暴かれ始めた。そのことで食肉業界は大混乱に陥ったわけです」

ＢＳＥ問題によって、消費者たちの間に「安心・安全な肉は一体どこにあるのか？」という不安と戸惑いが広がった。そのとき、能勢農場の特異なシステムが「真に安心・安全な肉」を作って売っている業者としてクローズアップされたのだった。

「よつ葉は、能勢農場で育てた牛を自前の食肉センターで加工し、自前のよつ葉ホームデリバリーによって届けています。育てて加工し、売って届けるというすべてのプロセスを自前でやっているわけです。

だからすべてに目が行き届いて、偽装などが入り込む余地がない。そのようなシステムを作り上げている業者は食肉業界に一つもなかった。皮肉といえば皮肉ですが、関西の片隅でほそぼそとやってきた能勢農場が、BSE問題で一気に全国的な注目を浴びたわけです」

二〇〇一年以降、安心・安全な肉を求めて、よつ葉ホームデリバリーの会員が急増。また、肉の売上も急増した。それに対応する形で、能勢農場と関連牧場が肥育する牛の頭数も増えた。

地域と一体化した循環型農業

だが、能勢農場の考え方は「もうけ至上主義」の対極にある。よつ葉会員が増え、肉の売上が急増したとはいえ、そのことを手放しで喜ぶわけにはいかないところがあった。

というのも、牛肉の売上急拡大によって、能勢農場も昔の牧歌的なやり方だけでは対応できなくなり、ある程度の機械化・最新技術の導入などによって合理化せざ

能勢食肉センター／別院食品の代表、津田道夫さん

るを得なくなったからである。

二〇〇六年あたりから、そうした風潮に対する反発が、能勢農場の内部から生まれ始めた。

「最近の能勢農場は、世間でやっている普通の畜産業者と変わらなくなってきているのではないか。このまま進んでもいいのか？」——そのような議論がしばしばなされるようになってきたのである。それは言い換えれば、「能勢農場憲章」に掲げられた理想から離れつつあるのではないかという疑問であった。

能勢農場の代表である寺本陽一郎さんは率直に当時を振り返って答えてくれた。

「もちろん、経済活動である以上は、赤字でいいというわけではない。しかし、たとえ利益を追求するにしても、そのやり方に能勢農場らしさをもっと出していこうじゃないか……そういう結論になって、新しい取り組みを模索し始めたんです」

そして、新たに始められた取り組みの一つが、稲ワラの回収であった。

出所の明らかな飼料のみで牛を飼育することは、実はとても難しい。能勢農場でも、自前の野菜くずや豆腐工場から届くオカラ（後述）などを飼料に配合してはいるものの、一部とはいえ海外から輸入した穀物飼料や粗飼料に頼らざるを得ないのが現状である。

能勢農場の敷地内には能勢食肉センターなどさまざまな団体が同居している

新たに始められた稲ワラ回収とは、地域の農家に呼び掛けて田んぼから稲ワラを回収し、それを牛の粗飼料にするという試みである。

元々は、周辺農家から「うちの田んぼの稲ワラ、能勢農場さんの牛の飼料にできるんちゃうか」と言われたことがきっかけだったという。そこで、稲ワラを飼料としてもらうことと引き換えに、能勢農場から出る牛ふんを堆肥にして農家に提供するという条件で始まった。どのみち、農家としては、稲ワラは何らかの形で処分しなければならない。能勢農場が回収すればその手間が省ける。飼料の「地域内循環」が成り立っているのだ。

稲ワラ回収が始まってから、すでに一四年――。

年数がたつごとに回収先の圃場《ほじょう》は広がり、今では三〇町歩《ちょうぶ》以上が対象となる。能勢農場のスタッフだけではなく、よつ葉の配送スタッフの人たちも応援に入って、回収が行われている。

「稲ワラのお礼に提供している牛ふん堆肥は、米作り、土作りにとてもいいんですよ。化学肥料を使って米作りするよりも、味がよくなるし、米の粒も大きくなるといわれています。米農家さんもそのことはわかっているけれど、堆肥を手に入れるのが手間だったり、化学肥料のほうが便利だったりして、堆肥を使う米作りはみんなやめてしまっていたんです。

実は、能勢町は昔は米どころとして知られていたんです。その頃は牛を飼っていたので、牛ふんを堆肥に使っていたから、米がおいしかったんですね。能勢農場が堆肥を提供することで能勢町の米作りも原点に戻ったということです。

能勢農場としても、二〇〇〇年以降の急成長で牛の頭数が急増したので、牛ふんの処理に頭を悩ませていたところでした。地域農家と互いに助け合ってウィン・ウィンになったわけです」

「能勢農場憲章」には、「村の人々と仲良くなって、村の生活に根を下ろす」という一項がある。稲ワラ回収は、まさに地域農民と助け合い、一体化して行う循環型農業の試みであり、憲章に合致している。

日本は今、畜産飼料の輸入依存率が九〇%以上に上るといわれている。地域で完結する昔ながらの畜産ができなくなっているのだ。しかも、外国産飼料遺伝子組み換えやポストハーベスト農薬（収穫後農薬）など、安全面で問題がある。故に、能勢農場としては、できるだけ外国産飼料には頼りたくないという思いがある。

「そのために、今やっている稲ワラや豆腐のオカラ以外に、自前の配合飼料の割合を今後増やしていきたいと思っています。よつ葉が契約している全国の生産者さんにお願いして材料を提供してもらい、完全な自前の配合飼料ができないものかと、今模索しているんです。例えば、サトウキビの残渣《ざんさ》から取れるバガス、小麦から取れるふすま、砂糖から出る糖蜜……それに稲ワラやオカラなども組み合わせて発酵させて。部分的にはそうやって作った飼料もすでに使っています」

「生き物を飼う」という原点から出発

地域農家の稲ワラを飼料に使うことが象徴するように、能勢農場の畜産はできるだけ自然な形で牛などを飼育・肥育するということである。

よつ葉全体としては次のような「畜産ビジョン」を掲げているが、これは当然、能勢農場の畜産にも当てはまる。

「よつ葉がめざす畜産ビジョン」

1．地域の気候・風土・人々の生活とむすびついた畜産を常に求め、地域の農業と一体化した畜産をめざします。

2．飼料の地域内自給、糞尿の地域内還元をめざし、環境負荷の少ない畜産をめざ

稲ワラ回収の様子（右）
稲ワラはロールにして積み上げ、できる限り一年分を確保している

します。

3．繁殖・哺育・肥育・屠畜・解体加工・パック詰めの全ての過程で個体識別が可能、履歴が追跡可能となる畜産・食肉加工システムをめざします。

4．動物としての家畜に、できる限りストレスがかからない、自然な肥育環境づくりをめざします。

しかし、日本の畜産全体はそのビジョンと逆方向に進んでしまっていると、寺本さんは言う。

「例えば、農林水産省は畜産業者にも『農場HACCP（ハサップ）』認証を受けるように指導しています。HACCPというのは、衛生管理向上のための基準を定めたものです。衛生が向上するならいいことじゃないかと思うかもしれませんが、HACCPの基準はハードルが高すぎると私は思っています。例えば、消毒しまくって、菌数があり得ないくらいまで減少しないと認証が取れないとか、そんな感じです。

でも、畜産の現場にいる人間からすれば、そこにはふん尿があって、ある程度菌がいるのは当たり前なんです。農水省の指導に沿ってやっていったら、畜産がまる

能勢農場の代表、寺本陽一郎さん

で工場みたいに自然状態から離れていってしまいます。

私は、技術がどんなに進歩しても、自然の力には勝てないと思っています。

例えば、『白痢《はくり》』という、子牛がかかる伝染病があります。白いウンチの下痢になるのでその名があるのですが、牧場でこの病気が発生すると大騒ぎになります。隔離して獣医師に見せてもなかなか淘汰《とうた》できません。ところが、この白痢にかかった子牛を母牛と一緒にしておくと、自然に治ってしまうのです。実際に、能勢農場の牛で確認しました。なぜ治るのかはわかりませんが、とにかく治る。

それくらい、自然というものには力があるんです。どれだけ畜産の技術が発達しようが、自然の力には太刀打ちできません。それなのに、畜産の現場はますます自然状態から離れていこうとしています。

バイオテクノロジーがどんどん進歩していることで、繁殖のやり方も根底から変わろうとしています。従来の繁殖は、雌牛が発情したら精子をかけて、子が生まれてきたらそれを育てて市場に出す、というものでした。それが今や、子を産ませるのではなく受精卵を取って販売するようになってきたのです。子牛は育てるのに一年かかりますが、発情期は毎月来るから受精卵はたくさん取れる。それを売ったほうが、子牛を育てて売るよりもうけが大きいわけです」

津田さんも言葉を添える。

「育てるのに三年かかる和牛より、和牛の受精卵を売ったほうがもうかるというので、和牛の雌牛を買ってきて、排卵時期を狙って和牛の精子を受精させて、着床前に受精卵を採取して売るというビジネスがあります。

少し前に、和牛の受精卵や精子を中国に持ち出そうとした男二人と、提供した徳島県の畜産農家が逮捕される事件がありました。あれは氷山の一角だと思いますが、まあ、そういうすごい時代になってきたわけです」

「そうしたやり方の行き着く先には、畜産自体が滅んでしまうような恐ろしいことが待ち受けている気がしてなりません。世界的に牛もどんどん減っていますし、五〇年後の人たちは、牛肉なんてほとんど食べられなくなるのではないでしょうか。

勉強のために、各地の大きな畜産現場をいろいろ見て回りました。技術的には参考になる点もいろいろありましたが、『このやり方で、果たして一〇年後、二〇年後も同じように続けられるのだろうか』と疑問を感じました。短期的にはもうかるかもしれないけれど、持続可能性が感じられなかった」

日本の畜産の現状はゆがんでいる。飼料の海外依存率の高さは、そのゆがみの一例である。また、現場も技術偏重で牛などの命をもてあそび、「命を預かる」という原点を忘れているかのようだ。

畜産の技術が日進月歩で進歩し、我われの想像もつかないものに変貌していく中にあって、能勢農場の畜産は「流れに逆らって」、むしろ昔ながらの自然な畜産へと原点回帰していこうとしている。そうしたやり方の中にこそ、寺本さんは持続可能性と未来を見いだそうとしているのだ。

「今うちがやろうとしているのは、高知県と組んでの牛の放牧事業。高知の『土佐あかうし』――赤毛和牛を能勢農場で育てようという試みです。

日本には黒毛和牛が一八〇万頭いるのに対して、あかうしは高知県内で二四〇〇頭しか生息していません。絶滅危惧種一歩手前くらいな状態なのです。そういう貴重な種なので、高知県としては条例で保護対象にしていて、門外不出、つまり高知県以外で飼育してはいけないというふうに決めています。種（精子）を持ち出すことも禁止です。でも、何度も通って説得して、高知県側に熱意を認めてもらって、特例であかうしを譲ってもらったんです。

その高知から来たあかうしが二頭、能勢農場の放牧場で暮らしています。迎え入れるまでには荒れ地を自分らで草刈りして、そこに野芝という日本の芝を植えて準備しました。高知県が技術体系として持っている『芝草地造成法』というものを、

2456

教えてもらって導入しました。伝統の畜産技術を用いて、昔ながらの放牧で育てているのです」

昔ながらの野芝を使った放牧は、あかうしのためにだけ行っているのではない。子牛の飼料用の牧草作りを本格化させることで、能勢農場で飼っている他の子牛にもそれを与えるための試みでもある。日本の畜産が穀物飼料に大きく偏重している現状に警鐘を鳴らし、新しい肥育のあり方を探る試みでもある。

「さっき言った、白痢にかかった子牛というのは、このあかうしの子牛です。せっかく高知県から売ってもらった大切なあかうしなので心配しましたが、母牛と一緒にして放牧しておいたら治ってしまいました。たぶん、母牛が子牛をなめたり、乳を与えたりする中で、唾液や乳に治すための成分が含まれていたんでしょうね」

食肉生産の全過程に責任をもつ

一般に畜産・食肉業者は分業化されていて、動物の肥育をする業者は肥育のみを行い、食肉加工業者は加工のみを行う。それに対して能勢農場では、育てて加工して運んで売るところまでの全過程を自前で行う。そのことがもたらすプラス面について、改めて寺本さんに聞いた。

「それは何よりも、偽装の余地がない、ごまかしが利かないということでしょうね。食肉偽装が一時期あれほど騒がれたわけですが、それでも偽装が完全になくなったわけではありません。あの手この手で新たな偽装の手口が生まれています。例えば、全頭検査が導入されてすべての牛には耳標が付けられたわけですが、その耳標を偽造してまで偽装するような業者もいるのです。

でも、そうした中にあって、うちはごまかしが利きません。なぜかというと、万一よつ葉の牛肉を巡って何か問題が起きたとしたら、その牛がどこで生まれ、どう育てられ、どう食肉処理され、どう加工され、どんな経路で売られたか、全部追いかけることができるからです。トレーサビリティ（追跡可能性）が万全なのです。

もちろん、食肉処理場はよつ葉とは関係ない組織ですが、それでもうちの牛が食肉処理されるときは、スタッフが交代で必ず立ち会いますから。そして、おなかを開けて内臓が出てきたら、その内臓を一つひとつ触って確かめて、所見をパソコンに記録していくんです。

内臓については食肉処理場から能勢食肉センターが経営する焼き肉屋さん（みーとはうす能勢）に納品されます。枝肉については検疫を受けた後で私たちが持ち帰り、食肉センターに届けます。枝肉にその日の印が押されます。ですから、ごまかしようがないのです。うちにはあり得ないことですが、仮に他の肉にすり替えようとしても、そんなことは絶対にできないのです。

うちの牛には一頭一頭、人間のようなカルテが作られているんです。そのカルテを見れば、子牛の頃にどんな注射を何本くらい打ったとか、そういうことまでわかります。注射の本数が多かった牛は、注射痕に硬いしこりができているとか、そういう症状がどうしても出ます。食肉処理して解体したときに、そういう症状もわかります。仮に、気付かないうちに何らかの病気にかかっていたとしたら、それが内臓を見ることでわかる場合もあるでしょう。

今は牛白血病とか、いろいろな病気も出てきています。牛白血病は潜伏期間が三年くらいあって、発症はほとんどしないんですが、それでも万が一牛白血病の問題が生じた場合、その牛がこれまでたどってきた全過程が詳細にわかりますから、その情報を提供することが可能です。そのように食肉の全過程に責任をもつことが、畜産業者としてのトレーサビリティだと思います」

放牧されるあかうし

教育的活動も継続してきた

能勢農場のもう一つの特徴として、肥育などの業務の傍ら、「こどもどうぶつえん」や林間学校、保養キャンプなどの活動も継続して行ってきたことが挙げられる。

「こどもどうぶつえん」とは、能勢農場内で飼育されているさまざまな家畜動物——ウマ・ロバ・ヤギ・ヒツジ・チャボ・アヒル・カモ・ウサギ・モルモットなど——を、こども園・小学校・イベントなどに〝派遣〟する移動動物園である。

その活動について寺本さんは次のように言う。

「こどもどうぶつえんはうちの社会事業の一環で、昔は北海道から沖縄まで全国を回っていました。現地の幼稚園や保育所などを、一カ月くらいかけて巡回していたんです。

今はそこまでできなくて、巡回先を関西圏にほぼ限定していますが、長年続けてきたので、例えば一つの幼稚園で三〇年以上継続して巡回しているところとかもあります。単にカワイイ・癒やされるということだけではなく、生き物に直接触れることで感じる気持ちってたくさんあると思うんです。大きな動物園にいるような珍しい動物はいませんが、子どもたちが動物と触れ合う機会を提供することで『命の尊さ、命のぬくもり』を感じてもらえる、教育的意義も大きい活動だと思っています」

もう一つの「林間学校」は、夏休み期間に、小学生限定で一週間ずつ希望者を能勢農場に受け入れて行っているものだ。一度に三〇人ずつの小学生を受け入れ、夏の一カ月間で計一五〇〜一八〇人が訪れる。

林間学校のテーマとスケジュールは年ごとに変わるが、オリエンテーション・川遊び・キャンプなどが行われる。また、よつ葉のネットワークを活かして、豆腐作りやハム作りなどをレクリエーションとして行うこともある。

「林間学校にお子さんを送り出すお母さん・お父さんからしたら、一週間子どもがいない期間をゆったり過ごせるということで、親御さんにも喜ばれています（笑）。

小学校の六年間ずっとうちの林間学校を経験したという子たちが、ＯＢとしてスタッフに入ってくれて、子どもの面倒をよく見てくれています。男性もいれば女性もいますが、私らおっさんには入り込めない、独特の世界を子どもたちと作り上げていますね。

林間学校は別によつ葉会員限定ではないですが、よつ葉の通信物に募集記事を載せたりもするので、会員さんのお子さんが多くなりますね。

会員さんから、『林間学校に参加させたら、子どもが急にいい子になりまし

3193

た』って、感謝されることもよくあります。『能勢農場の林間学校から帰ってきたら、それまでやったことのない皿洗いを急にやりだした』とか、『嫌いだったニンジンを急に食べるようになった』とかね（笑）。林間学校にいる間は、火おこしから調理から皿洗いまで全部自分たちでやりますから、それで変わるんでしょうね」

林間学校では、普段から仲の良い同士ではなく、まったく知らない子同士を一つの班にする。また、小学一年から六年までを同じ班にする。そうして知らない相手、年齢の違う相手と一緒に共同作業をすることで、子どもたちは多くのことを学ぶのだ。

「小さい子は一日目にはホームシックでわんわん泣いて『帰りたい』と言ったりしますが、上級生がよく面倒を見てくれるので、最終日には『帰りたくない』『おねえちゃんともっと一緒にいたい』と言うようになります。わずか一週間で激変するんです。教育効果はかなりのものだと思いますね」

また、林間学校とは別のよつ葉の教育的取り組みとして、「関西保養キャンプ」がある。

これは、いわゆる「三・一一」――二〇一一年三月一一日に起きた東日本大震災と、それに伴う福島第一原発の事故――を契機として始められた取り組みだ。

被災地では、原発事故から九年を経た今なお、放射能汚染の不安が付きまとう。放射線への感受性が高い、育ち盛りの子どもたちにとっては特にそうで、親も子も不安を抱えて日常生活を続けているのだ。そのため、復興支援の一環として、さまざまな団体が各地で「子どもたちの保養プロジェクト」を繰り広げている。

よつ葉の「関西保養キャンプ」も、そうした取り組みの一つとして始められたものだ。震災翌年からスタートしたもので、以来、二〇一九年まで毎年の夏休み期間に行われてきた。

七月末から八月初めにかけての約一週間、東北で放射能汚染の不安が高い地域の子どもたちが能勢農場を拠点として共同生活を行うものだ。

せめてその一週間だけでも、放射能の不安から解放されて、伸び伸びと遊んでもらい、リフレッシュしてもらいたい。また、キャンプが楽しい夏休みの思い出となり、新しい友達との出会いや、自然との触れ合いの機会となればよい——そのような思いから開催されている。

具体的には、応募してきた福島の子どもたちが福島駅に集合し、よつ葉の職員がそこから送迎する。福島から京都までは新幹線だ。

キャンプを支えるスタッフは、能勢農場も含め、よつ葉の各部門のスタッフ、そして一部はよつ葉会員から募ったボランティアである。
保養キャンプで今まで実施したスケジュールとしては、次のようなものがある。

・ウェルカムバーベキュー
・子どもたち自らがテント設営を行っての、テント泊
・能勢農場での野菜収穫体験
・川遊び
・「こどもどうぶつえん」の動物たちとの触れ合い・エサやり
・石窯を使ってのピザ作り
・流しそうめん
・竹細工作り
・キャンプファイヤー
・能勢農場での夏祭り

キャンプでの暮らしは、朝六時には起きてラジオ体操から始まり、夜九時には就寝するという、規則正しく健康的なものだ。

また、農場内に落ちた木々を拾いに行き、それを元に火をおこして食事を自炊するなど、昔ながらの自給自足生活が体験できる。それらは子どもたちにとって大きな学びとなり、楽しさに満ちた体験となるだろう。

子どもたちは、初日にはやや緊張ぎみでおとなしいが、最終日になるとすっかり他の参加者たちと打ち解けて騒ぐ。それは毎年見られるおなじみの変化なのだという。また、中には毎年のように参加している子どももおり、キャンプ慣れしたその子たちが、ムードメーカーの役割を果たす面もあるという。

親たちからは、一人一万五〇〇〇円の「キャンプ参加費」をもらう。これは往復の交通費や食費などの諸経費に充てられるもので、必要最低限の費用としていただくものだ。

交通費などの諸経費は、会員、全国の生産者、よつ葉の各職場からのカンパで補っている。「関西よつ葉連絡会」のホームページで、保養キャンプの収支報告書も公開されている（余った費用は次期のキャンプに繰り越す）。

＊

「こどもどうぶつえん」や林間学校、保養キャンプも、能勢農場の畜産事業とは直接結びつかない。だが、それでも能勢農場にとって大きな意味を持っていると、寺本さんは言う。

「最初に能勢農場が誕生した経緯を考えれば、むしろ教育活動のほうが、能勢農場の原点に近いと思います。元々事業活動をしようと思って始めたわけではなく、学び合いの場、社会をよりよくする運動の場として始まったのですから。

能勢農場やよつ葉が事業として大きくなれば、当然効率化も求められるし、費用対効果も考えないといけません。でも、効率化とか生産性とか、そういうこととは無関係の社会活動を続けていくのも、能勢農場にとって大切だと思うのです」

こうした社会活動は、よつ葉の事業体だけで賄えるものではない。大切な顧客である会員の賛同による寄附やボランティアも活動を支える大きな力となっている。

そのことは、関西保養キャンプの例を見ればよくわかる。被災地の子どもたちが参加するものだから、会員から見れば、自分たちの子どもが参加するわけではない。ある意味では、無関係の子どもたちのためのキャンプである。

それでも、意識の高いよつ葉会員は、被災地の子どもたちのための保養キャンプということの社会的意義を鑑みて、毎年寄附もしてくれるし、ボランティアとしてキャンプ運営にも尽力してくれるのである。これは、よつ葉ならではのことだろう。

すでに述べた通り、「子どもたちの保養プロジェクト」は、「三・一一」以来、さまざまな団体が各地で行ってきた。しかし、震災からすでに九年が過ぎ、人々の記憶が徐々に風化する中で人の問題、お金の問題も含めて持続し続けることはなかなか困難である。そんな中で、よつ葉の関西保養キャンプが持続できていることからも、思いを同じくする会員たちに支えられたよつ葉の「強さ」を見ることができるだろう。

＊

以上見てきたような教育的プロジェクトが象徴するように、能勢農場はよつ葉の原点の地であるからこそ、よつ葉の掲げる理想が今も鮮やかに息づいている部門でもあるのだ。

第3章

農家に寄り添う「よつば農産」

―生産者と会員を結ぶ現場には、農産物への愛があった

地場農家と二人三脚で歩む

よつ葉の各部門のうち、農産物（野菜・果実・米など）の企画と発注、仕分けなどの物流を仕切っているのが、「よつば農産」である。本章はその現場と舞台裏を詳しく紹介していきたい。

よつば農産の日常業務として、いちばん大きいのは当然農産物の物流に関する業務である。野菜の集荷・検品・袋詰め・仕分け、そして各産直センターや店舗への出荷だ。もちろん、全国の生産者からの農産物も当然仕入れている。生産者との話し合いや発注も重要な業務である。

ただ、「よつ葉らしさ」がいちばんよく表れているのは地場農家との関係だ。ここではそこに話を絞ろう。

よつば農産では、周辺の四地区——京都府南丹市日吉町・京都府亀岡市東別院町など・大阪府高槻市原地区など・大阪府豊能郡能勢町——の地場農家と、密接な関係を結んでいる。

これらの四地区はいずれも、大阪北部から京都府にかけての中山間地域であり、自然豊かな農村、里山が広がる農業生産の宝庫である。

「摂津」「丹波」と呼ばれてきたこの地域の農家が集い、「摂丹百姓つなぎの会」という穏やかな連絡組織を作っている。よつば農産はこの「摂丹百姓つなぎの会」を通じて地場の野菜を大量に協同出荷してもらうなど、二人三脚で歩んできた。同会は、地域ごとの集荷団体から成る。大阪府能勢町の北摂協同農場、高槻市の高槻地場農産組合、京都府亀岡市の別院協同農場、南丹市日吉町のアグロス胡麻郷がそれである。

よつば農産と四地区の地場農家・集荷団体は、毎月一回の定例会を持つなど、連携を密にして深いつながりを保っている。

よつば農産が作成した「よつ葉の地場野菜　その仕組みと考え方」という資料（職員向け研修会の資料をまとめたもの）には、「地場野菜の取り組み、伝えたいこと」という項目に、次のように記されている。

①お互いに支え合う

無理のない条件があれば、農家は安心して農業に取り組み、それを届ける人も食べる人も幸せになれる。一方だけが損をしない、支え合う関係が生まれる。

カネ儲け最優先で、生産が流通・消費の都合に振り回されがちな世の中、無理な条件で生産すれば自然から遠く離れ、安心・安全を損なってしまう。

②農業は地域から

農業は地域を背景とした営みであり、地域のまとまりが農業を支える。特定の農家ではなく、地域を単位に多様な農家とのつながりを目指す。こうした地域の存在が、私たちの生活の基盤となる。

③食と農から世の中を問う

食と農は生命の源泉であり、利益や成長ではなく循環と持続が中心。利益や成長の下に人々の生活や権利が脅かされる世の中のあり方を変えることなしに、食と農だけを守ることは難しい。

よつ葉が目指すのは単なる利益や成長ではなく、食と農から世の中を問い、生産と消費をつなぎつつ世の中を変えていくこと。

高い志がみなぎる見事なマニフェストであり、よつば農産が地場農家とのつながりの中に何を見いだそうとしているかが、よくわかる。

そのつながりは、従来の業者と生産者の関係とはまったく違う。どう違うか、具

地場野菜は「摂丹百姓つなぎの会」専用の袋に入れて出荷されてくる

体的に見てみよう。

いちばんの違いは、野菜の価格の決め方にある。

普通の市場流通の場合、野菜の価格は「需要と供給」に応じて大きく変動する。不作ならば品薄で値上がりし、豊作なら品余りで値下がりする。

大豊作なら出荷制限がかかる場合もあり、農家による自主廃棄も行われる。つまり、出荷してももうけの出ない値段しかつかないため、畑にすき込んだりする形で、食べられる野菜を捨ててしまうのだ。

そのように価格が不安定であるから、農家は収入の目処が立ちにくい。

一方、よつば農産では、「摂丹百姓つなぎの会」四地区の地場農家から出荷された野菜は、あらかじめ決められた価格ですべて引き取る。一種類の野菜が大量に取れた場合にも、「いらない」と突き返すことはなく買い取る。

それは、事前の「作付け会議」で品目ごとの作付け量と価格が決められているが故である。とはいえ、野菜作りは工場でモノ作りをするのとはわけが違うから、予想した量と収穫量が大きく異なる場合もある。それでも、基本的に量にかかわらず同じ価格で買ってくれるのだから、農家にしてみれば事前にある程度の収入が見込めることになる。

「作付け会議」では、毎年二回（一〜二月と六〜七月）、春夏野菜と秋冬野菜について協議される。その手順は次のようなものだ。

①四地区の集荷団体を通じて、各農家から栽培する野菜の予定数量を出してもらう。
②過去の入荷数・受注数を元に、品目ごとの必要量と四地区の予定数量を比較。過不足についての調整を「摂丹百姓つなぎの会」と協議する。
③やり取りを何回か繰り返し、最終的な作付け量を決定。

これだけ綿密に協議して作付け量を決めても、自然相手の農業故、なかなか予定通りにはいかない。また、四地区合わせて二五〇世帯もの地場農家があるのだから、それらすべての収穫を厳密にコントロールすることなどできるはずもない。故に、予定量はしばしば狂う。一般の農家はそのリスクを自らが負うわけだが、「摂丹百姓つなぎの会」の農家の場合は、よつば農産もそのリスクを負うのだ。

四地区の地場農家は、リスクをあまり感じずに伸び伸びと安心して野菜作りができるのである。

「よつば農産」が生まれた理由

よつば農産が会社として設立されたのは、二〇〇〇年のこと。一九七〇年後半に活動を始めたよつ葉においては、意外に最近できた部門なのだ。では、それ以前のよつ葉の農産物はどのように物流していたのか？　よつば農産という別会社がつくられたのはなぜか？　まずはそこから探ってみよう。

よつば農産の設立に中心的に関わったのは、能勢農場のところでも登場した津田道夫さんだ。よつば農産誕生のいきさつを語っていただいた。

「当時は、東別院町（京都府亀岡市）の今よつば農産がある場所に、別院物流センターが先にあったんです。そのセンターに、よつ葉で扱うさまざまな食べものが全部届けられて、そこで仕分けて各産直センターに送っていました。

ところが、よつ葉が大阪・京都の四地区の地場野菜を大量に扱うようになって、その物流センターでは野菜をさばききれなくなってしまったんです」

前述の通り、契約を結んだ四地区の地場野菜については、発注しただけ仕入れるのではなく、「できた野菜をすべてよつ葉が買い取る」という仕組みになっているためだ。

「別院物流センターにも地場野菜をさばくチームがあったんですが、そのチームにもさばききれなくなってしまいました。他の野菜は注文した量だけ届くのに対して、地場農家からの野菜は桁違いの量が届くことがあるからです。『ある野菜が大量に収穫できました』というときには、その野菜ばっかりが山のように届くわけです。物流センターは他のさまざまな食品も一手に扱っていた上に野菜も扱っていたので、とてもじゃないけど扱いきれないという声が上がって、対応に迫られました。『じゃあ、いっそ農産物だけを扱う別会社をつくろうか』ということになった。それが、よつば農産が生まれた第一の理由です」

もう一つの理由は、社会的な事情であった。

「よつば農産が設立される七カ月前に、有機ＪＡＳ認証という制度が始まりました。有機野菜の基準を国が定めて、認証機関による第三者認証によって、基準をクリアした野菜については『これは有機野菜である』という有機ＪＡＳ認証マークを付けるという制度です。

それまでは、日本には有機野菜の明確な基準はなかったのです。だから、実際には有機栽培でなくても、箱に有機野菜と銘打って出荷すれば、スーパーなどでは有機野菜として売られてしまうというずさんな状態でした。ずっと頑張って有機栽培に取り組んできた生産者から見たら、けしからん話だったのです。消費者からも『本当に有機栽培なのかがわからない』という声が挙がって、国が重い腰を上げて有機JAS認定制度を作ったわけです。

そういう制度ができたことによって、有機JAS認定された野菜だけを扱う流通組織も生まれてきました。そうした社会の大きな動きの中で、食の安全にずっとこだわってきたよつ葉として、この制度にどう対応するのかが問われたわけです。それで、私どもとしても話し合いを続けて、結論としては『よつ葉有機』という独自の基準を作って対応することになりました」

「よつ葉有機」基準とは、次のようなものだ。

「よつ葉有機」基準

1．つくり手

「よつ葉生産者憲章」を支持し、その最大限の尊重を信条として農産物の生産に取り組んでいること。

2．つくり方

日本の気候・風土の中で継承されてきた各地の特色を生かした農業を基礎として、輪作の尊重、有機質肥料による土作り、全ての農薬・化学除草剤を使用しない農産物の生産を基本とする。但し、生産に致命的打撃をこうむると判断される場合のみ、全ての事実の公表を前提として、上記、基準の部分的、一時的逸脱を許容する。

3. 圃場

最低3年以上、(2)に定めた農法による農産物の生産を継承してきた圃場を使用すること。

4. 種子

遺伝子組み換え作物の種子は使用禁止。入手が可能な限り、有機的に栽培された種子・種苗を使用すること。

5. 環境保全

圃場に投入される有機質肥料、生産に使用される農業資材等は周辺環境を保全するという観点から、十分配慮されなければならない。

この「よつ葉有機」基準を設けたことによって、野菜の仕入れ過程をより充実し

緑豊かな亀岡市東別院町にあるよつば農産

SOUTHERN

た人と人との関係を基礎にする手間のかかるものにならざるを得なくなった。
「それまで野菜の仕入れもひこばえが担っていたのですが、ひこばえは他のさまざまな商品の仕入れも担当しているわけですから、野菜の仕入れが大きな負担になると考えられました。そこで、農産物を仕入れから仕分けまでトータルで扱う別会社をつくろうということになったわけです」

津田さんは、地場農家との結びつきについて、次のように語る。
「それまで仕入れはすべてひこばえが取り仕切っていたのを、ひこばえから分離してよつば農産を作りたいと提案したのは僕です。『そんなん、分離して会社として成り立つんか？』と言われましたけど。

僕としては、よつ葉の農産物は地場野菜をメインにしたいという思いが最初からありました。でも、農産物に特化した集荷場を作り、地場農家と親密に付き合ってやっていくためには、それに専従する職員がいないと無理やと思いました。

よつば農産と四地区の地場農家の人たちとの付き合いは、一般の業者と生産者の事務的な関係とは次元が違います。共に歩む仲間になっているんです。そういう仲間意識が生まれたのは、ただ単によつば農産が野菜作りのリスクを背負っているからだけではありません。

　各地区の集荷組織を立ち上げてもらうところから、よつば農産は深く関わりました。集荷組織は単に集荷するだけの組織ではなく、各地区の地場農家の取りまとめ役を担ってもらっています。それぞれ地域的にも近いので、四地区の農家さんたちとはいろんな集まりを一緒にやって、お互いの圃場を見学し合ったり、勉強会をやったり、新年会や忘年会をやったり……。そういう付き合いを二〇年間ずっと積み重ねてきて、今の絆があるんです」

　そのような二人三脚の歩みがあるとはいえ、野菜作りに関するリスクをよつば農産が一身に負うような仕組みを作るには、逡巡《しゅんじゅん》もあったはずだ。なぜよつば農産はこのような仕組みを作ったのだろうか？

「うちと付き合いのある全国各地の農家の方と飲んで話をすると、『よつ葉さんはなぜ、あの四地区の農家だけ特別扱いして甘やかすんですか？』と言われることがあります（笑）。『そう思うなら、あなたの地域も同じような仕組みを作ったらいいじゃないですか？』と言い返すんですが……。

　なぜこの仕組みを作ったかといえば、一つには地域との共生を重んじるよつ葉の理念があったからです。よつ葉は生産者を単なる取引相手と見なさず、共に一つの理想を追求するパートナーとして捉えていますから。

もう一つには、地場農家の高齢化に対する危機感もありました。摂丹地域の農家もどんどん高齢化が進んでいます。全国どこもそういう傾向がありますが、中山間地域だけに高齢化の度合いが大きい。

中山間地域は圃場整備が大変なんです。圃場と圃場の間にのり面（斜面）があって、草を刈らないと管理できないから、農家の人がみんな草刈りをしています。夏場だと五回も六回も、のり面の草刈りをやっています。若い人がやっても大変な作業なので、高齢者にとってはものすごい重労働です。だんだんできなくなって、あと何年持つだろうかという感じになってきています」

そうした農家の高齢化に抗するためには、若い新規就農者を呼び込むしかない。

「農村の若い子は、たいてい後を継がずに出ていってしまいます。彼らは子どもの頃から親の大変さを見ていますからね。だから、農業に憧れを抱いている都会の若い人を、この地域に呼び込むことが大切なんです。

よつば農産の野菜買い取りシステムは、新規就農者を呼び込むための力にもなっているんです。というのも、野菜の価格が変動して最初の年の収入が読みにくいというリスクが、新規就農者にとっては大きな不安要因になるからです。若い人は貯金もあまりないでしょうから、就農して最初の年に不作などで収入が得られなかったら、それで諦めてやめてしまうケースも多いのです。

でも、よつ葉の買い取りシステムなら、そのリスクが大きく軽減されます。その分、新規就農がしやすい地域になっているのです。実際、能勢町では今、新規就農者が三〇人くらいいます。全国的にも新規就農者が多い地域として注目されているんです。

もちろん、新規就農者の多さのすべてがよつば農産の力というわけではありません。他にも能勢町という地域のいろんな要素がかみ合うことによって多くなっているのでしょう。でも、よつば農産の買い取りシステムも、新規就農者を呼び込む要因の一つになっていることは間違いないのです」

若手のみならず、都市部でのサラリーマン生活を終え、定年後の第二の人生を農業に懸けようとする「定年帰農」のケースも増えているようだ。

既存農家の高齢化という問題は解決したわけではなく、むしろ進行しているが、新規就農者と帰農者の増加でそれが補えているのだ。

よつば農産が周辺四地区の地場農家との間に作り上げた、共存のシステム。それは他地域の農家から見たら、「あそこの地区の農家だけ甘やかしている！」と時に嫉妬されるほど輝かしい、他に類を見ないシステムである。だからこそ、新規就農者にとっては大きな魅力になるのだ。

周辺の地場農家にとってみれば、「よつ葉のおかげで助かっている。自分たちもよつ葉の力になろう」という思いに駆られる面もあるだろう。

よつば農産の代表である横井隆之さんは、ある野菜が高騰したときに、それを感じるという。

「地場農家さんも、生産しているものを一〇〇%よつ葉に卸している人ばかりではありません。市場や他の業者に何割か卸している人もいます。それでも、ある野菜の価格が高騰して市場でも欲しがっているときに、『今はやっぱりよつ葉の会員さんのために』と言って、出してきてくれる……そういう人が結構いるんですよ。そんなときにはやっぱり、地場農家さんとの絆を感じますね」

地場農家と二人三脚で歩んできたからこその絆である。

そして、そのような地場農家との強いつながりは、野菜の「安心・安全」の土台にもなっていると、津田さんは言う。

「野菜に限らずですが、農産物の安心・安全のいちばんの基礎・ポイントになるのは、作っている人との人間的な結びつきがあるということだと思うんです。言い換えれば『生産者の顔が見える関係』です。よつ葉はずっとそれを重んじてきたし、地場農家とのつながりを大切にするのも、一つには安心・安全への思いからです。

よつば農産が扱っている野菜は、地場野菜に限らず、どの野菜も生産者のことを僕たちはよく知っています。どんな顔して、どんな言葉を話す人が、どんな圃場で、どんな思いで野菜を作っているかを知っています。だからこそ自信を持って、『よつ葉の野菜は安心・安全です』と言いきれるのです。

よつ葉が、生産者と会員の交流会などを盛んに行ってきたのは、そのためでもあります。会員の皆さんがそうした集まりで『いつも食べている野菜はこの人が作ってるんだ』とわかれば、それが安心・安全を深めるんです。生産者にとっても、自分たちが作っている野菜をどんな会員さんが食べているかを知れば、そのことで野菜作りへの思いが深まります。そうしたつながりが安心・安全へのいちばんの近道だと思っているし、だからこそ出会いの場をたくさん作りたいのです。

付け加えれば、有機ＪＡＳ認定制度の第三者認証というのは、僕たちのそうした考え方の対極にあると思います。あれは、『農家のやることは信用できないから、第三者機関がきちんと監視しないといけない』という考え方から生まれた制度です。不信というか、農家に対する性悪説が前提になっている。僕らが独自に『よつ葉有機』基準を作ったのは、そうした考え方の違いがあるからでもあります」

扱う地場野菜は着実に増加

ある野菜が「作付け会議」で決めた量を大きく上回る収穫となったときにも、決められた価格帯で地場農家からすべて買い取る……そのような形でよつば農産が「リスクを取る」ことができるのは、よつ葉会員たちに支えられているからこそである。

「普通の業者なら、注文した量以上は絶対受け取らない。当たり前のことです。うちの場合、予想を上回る収穫分を同じ価格で買い取るので、夏場の野菜がいちばん売れる時期などは、地場野菜だけの採算を考えたら、完全に赤字です。でも、それはわかった上で、全国の他の生産者さんからは受注しただけを送ってきてもらうから、そこで一定の利益を確保することで、全体としては赤字にならないようにできている。

逆に言うと、できた野菜を全部同じ価格で買い取るなんてことができているのは、周辺の四地区だけだからです。これを例えば、近畿一円の農家に対して同じことをやろうとしたら、たちまち大赤字でよつ葉は潰れてしまいます」

と津田さんは言う。

イメージとしては「特区」に近いだろうか。摂丹地域の農家は、よつば農産が周辺地域にあるということで、野菜作りについて大きな「保障」を得られているようなものだろう。

また、地場野菜が大量に入荷したとき、それを頑張って売るために活用されているのが、よつ葉の「野菜大好き会員」登録制度である。

よつ葉会員用に作られた「ガイドブック」には、「野菜大好き会員」について、次のような説明がある。

「『摂丹百姓つなぎの会』の農家から出荷される地場野菜は、天候などにより過剰に出ることがあります。その野菜を無駄にしないために、『野菜大好き会員』を募集しています。

〝野菜が大好き〟という会員さんに登録していただき、過剰になった野菜を新鮮なまま、しかも割安の価格でいち早くお届けするというシステムです」

「野菜大好き会員」に登録しておくと、ある地場野菜が大量に入荷した場合、その野菜を注文なしで届ける。野菜大好き会員の側から品目や配達日を選ぶことはできないが、『ライフ』価格の一五〜二〇%割引で購入できる。基本は一口の注文につき一品（葉物で一〜二束・果菜で二〇〇〜三〇〇グラム）だが、入荷状況によって二品になることもある。何がいつ届くかわからないという点で、ある意味「福袋」的な楽しさがあるのが、この「野菜大好き会員」制度だ。

他に、「野菜セット」というものもある。これは、目安に沿った任意の野菜セットを毎回届けるもので、内容は当日の入荷次第で変わる。

特に夏場などの収穫シーズンになると、野菜セットに詰め込まれる野菜の量は、一家庭ではなかなか食べきれないほど多い。そのため、年間トータルで見たら、単品注文よりもセットのほうが大幅にお得になる。ただし、「何がどれくらい入ってくるかわからない」ので、「この料理を作るためにこの野菜が欲しい」ときちんと決めて注文する会員には向かない。

「『野菜セットは何が届くかわからないので楽しい』と好んで買ってくれる会員さんと、『セットはいや。私は自分の欲しい野菜を単品で頼む』という会員さんと、二極分化する傾向があるように思います。もちろんどちらがいい・悪いではなく、どちらの会員さんもよつば農産を支えてくださっているわけです……」（横井さん）

毎日 4 地区から大量に入荷される地場野菜。
中には市場には出回りにくい野菜も（右下、ひすいナス）。
職員は手際よく検品しながら仕分けていく（左下）

そのような制度を取り入れることによって、入荷量が大幅に上下する地場野菜のランダムな入荷に対応しているのだ。

また、「野菜大好き会員」と「野菜セット」向けに地場野菜を用いても、なお対応しきれない量の野菜が入荷することもある。そうした場合、各産直センター（配送センター）に依頼して、「引き売り」によって余った野菜を販売するケースもあるという。「何が何でも野菜を無駄にしない」という執念すら感じさせる取り組みである。

仮によつば農産がなかったら、摂丹地域の地場農家が作る野菜が大量に取れ過ぎた場合、どうなるだろう？　おそらく、そのかなりの部分が「自主廃棄」となり、畑にすき込まれて土を肥やす肥料の一部になるだろう。それはせっかく作られた野菜を無駄にすることである。

「食べものは命であり、食べるとは命をいただくこと」と捉えるよつ葉にとって、できた野菜を無駄にすることは、できるだけ避けたいこと。敢えてリスクを背負って「できた野菜はすべて買い取る」ようにし、会員の協力によってそれを消費するのも、そのためなのである。

そして、そのように〝安心して野菜作りに取り組める環境〟が整っているからこそ、摂丹四地区からよつば農産に出荷される地場野菜の種類や数量は、着実に増え続けている。

よつ葉が地場野菜に取り組み始めた当初、会員に毎週届けられる注文用商品カタログ『ライフ』に掲載される地場野菜は、たった二、三品目しかなかった。それから約二〇年を経た今、『ライフ』掲載の地場野菜はおよそ六〇品目に上っている。今や地場野菜は「よつ葉の野菜」の主軸の一つとなっている。

愛を込めた「Iランク」の野菜

「カネ儲け最優先で、生産が流通・消費の都合に振り回されがちな世の中」という一節が、「よつ葉の地場野菜　その仕組みと考え方」の中にあることを先に紹介した。需要と供給に応じて野菜の価格が変動し、生産者がそれに右往左往するあり方は、その最たるものだ。

また、「生産が流通・消費の都合に振り回され」るもう一つの例として、いわゆる「規格外」の野菜が流通の場からはじき出されるという問題がある。

スーパーの野菜売り場に並んでいる野菜は、見事なまでに真っすぐで、表面もきれいなものが多い。形や大きさ、長さなどもおおむね統一されている。それはなぜかといえば、出荷段階で「規格」による選別が行われているためだ。

野菜は工業製品ではないから、当然、曲がったものやいびつなものも多数生まれる。また、虫食いがあったり、収穫・輸送の途中で傷ついたりすることもある。そうした「規格外」の野菜は、出荷段階ではじき出され、売り物にならないのだ。

例えば、国の規格ではキュウリの曲がりの程度が二㎝以内のものをA品、四㎝以内のものをB品とするなど、ランク付けが行われ、規格外のものはスーパーなどには並ばない。

当然のことながら、曲がっていても、傷や虫食いがあっても、野菜の栄養価や味は変わらない。にもかかわらず規格が作られ、規格外のものが売られないのは、まさに「流通・消費の都合」である。流通段階で、きれいに形や長さ・大きさがそろっていたほうが、箱に入れたりするのに都合がよい。また、スーパーなどに並んだ後も、消費者はどうしてもきれいな野菜、傷や虫食いのない野菜から買っていく。そのために作られた規格でしかないのだ。

横井さんは、規格についての考え方をこう語る。

「うちの場合も、野菜を箱に詰めて車で輸送している点は他の業者と一緒ですから、ある程度共通した規格が必要な点は同じです。よつ葉にはよつ葉の規格があります。よつば農産の場合、入荷した野菜の検品の際、野菜ごとに傷みや折れ、大きさや長さなどを見極めて、A～Fの六段階で規格を判定します。Fは、とても売り物にならないから地場農家に返品するというランクです。

だから、規格があること自体が悪いわけではない。それは野菜を流通させるためにやむを得ないことです。ただ、規格について、うちが既存の流通業者と違う点が二つあります。

一つは、検品マニュアルに沿って機械的に判定するのではなく、かなり臨機応変に規格を判定している点です。よつば農産にも当然『検品マニュアル』はありますが、それがすべてではない。品種や天候状況、季節、入荷動向などを加味して、その都度フレキシブルに対応するのです。

例えば、『この状態なら普段はBランクだけど、今年の状況だとAにしておくか』とか、そういう柔軟な対応をしています。野菜を無駄にしないために、できるだけ返品にはしないというのが基本スタンスです。例えば、野菜に虫食いがあったら、スーパーなどに卸す野菜なら間違いなく返品になるでしょうが、うちの場合は多少虫食いがあっても出荷したりします。

よつば農産の代表、横井隆之さん

もちろん、その場合にも配慮は必要です。『この程度の虫食いなら、単品注文に使うのは無理でも、野菜セットの中の一つに使うなら大丈夫やろう』とか、あるいは、箱の中にコメントの紙を入れたりします。『少し虫食いがありますが、今年は天候不順で入荷状況が悪く、食べるには問題ない商品ですので、お届けします』とか、そういう説明のコメントです。

それに、やむを得ず返品扱いにする場合でも、『摂丹百姓つなぎの会』側と相談して、今後の対応などを話し合ったりします。一方的に有無を言わさず返品するのではないんです」

よつば農産の野菜の規格はA〜Fの六段階だが、実はそれとは別格の、もう一つのランクが存在する。それが「Iランク」である。そして、この「Iランク」という区分けを設けていることが、よつば農産の規格が既存の流通業者と違う、もう一つの点だ。

「『Iランク』というのは、地場農家の集荷団体の一つ『アグロス胡麻郷』さんの発案で始まったものです。これは、会員さんに届けるためのランクではありません。地場農家が出荷する際、傷がついていたり、曲がりがひどかったりして、とても会員さんに売れるレベルではないという状態の野菜を、『Iランク』と銘打って、よつ葉で働いている職員たちに無料で届ける制度なんです」

「『Iランク』の『I』は『愛』を意味しています。〝せっかく愛情を込めて作った野菜だし、味はいいはずだから、規格外ではあるけど捨てるには忍びない。お金はいらないから、よつ葉の職員の皆さんで召し上がってください〟——そんな思いを込めて届けてくれるのが『Iランク』の野菜なんです。

傷物とはいえ、農家さんのほうで傷の部分をちょっと削ったり掃除したりして、なるべくきれいにした状態で届けられます。それがよつば農産に届いたら、量に応じて産直センターとかよつ葉の各部門とかに分けるのです。『○○さんからIランクの野菜が届きました。どうぞ皆さん食べてください』と言って……」

その名の通り、野菜に対する深い「愛」を感じさせるエピソードである。野菜はできる限り無駄にしたくない——地場農家もよつば農産も、その思いは共通なのだ。

近年、まだ食べられる食品が大量廃棄されている「フードロス」が社会問題化するにつれ、規格外の野菜が大量に廃棄されている現状も問題視され始めた、形が悪い、色が悪い、重さが足りないなどの理由で廃棄される「規格外品」野菜の量は、日本全体で年間　五〇万トンとも二〇〇万トンともいわれている。

そのため、規格外品の野菜を廃棄せず、マーケットや直売所などで割安価格で販売する試みも、少しずつ広がっている。

規格外の野菜をできるだけ無駄にしないように努力と工夫を続けてきたよつば農産と「摂丹百姓つなぎの会」の取り組みは、時代に大きく先駆けた社会的意義のあるものだと言えよう。

「樹成り完熟・地場の箱ごとトマト」の舞台裏

よつば農産で扱う、現在約六〇品目に上る地場野菜の中でも、「夏の目玉商品」として知られるのが「樹成り完熟・地場の箱ごとトマト」である。

今では、同じように「樹成り完熟・箱トマト」と銘打ってトマトを売っている業者も、よつ葉以外にたくさんある。だが、よつ葉こそがこの「完熟・箱トマト」のパイオニアなのである。

箱トマトが生まれた当時を知る津田さんに、証言していただこう。

「うちが能勢の地場農家と一緒に完熟箱トマトを売り始めたのは、もう三〇年以上前のことです。だから、よつば農産ができるよりもずっと前から、完熟箱トマトを売ってきている。能勢のトマト農家とのお付き合いは、地場農家の中でもいちばん古い部類なんです。

トマト農家の人たちも高齢化が進んでいて、中には亡くなられた方もいます。でも、奥さんとお子さんでトマト作りが引き継がれている……そういうケースもあります。その人たちの一人がいつだったか、『よつ葉さんが箱トマトを売り出してトマトに光を当ててくれたから、父が亡くなった後も頑張ってトマト作りを続けてこられました』と僕に言ってくれたことがあります。その言葉はうれしかったですね」

「完熟箱トマト」がどのように画期的だったのか、一般にはわかりにくい。説明していただこう。

「よつ葉の完熟箱トマトは一kg箱に詰めて売るんですが、よつ葉が始める前には一kg箱のトマト自体が市場に流通していなかったんです。それまでは四kg箱に入れられて売られていました。四kg箱で届くトマトを、仕分けの段階でビニール袋に小分けして出荷していたんです。

でも、それだと仕分けのときに手でつかむので、どうしてもトマトが傷みやすい。『それなら、最初から一kgの箱を作って、生産者にその箱に入れてもらって出荷したらいいじゃないか』という話になって、箱屋さんに一kgの箱を別注して始めたんです。最初の段階ではただの分厚いダンボール箱で、ふたさえついていなかった。それをだんだん改良して、一kg分のトマトがグラグラ動かずにきちんと収まる箱になりました。そのタイプの箱は、今ではスーパーなどでもトマト箱として普通に使われています。うちが特許取っておけばよかったなと思ってるんやけど（笑）」

トマトは傷みやすい野菜である。少し表面にぶつかっただけでそこが黒くなったり、傷がついたりしてしまう。通常、トマトがまだ硬くて真っ青な状態で出荷されるのは、傷つくのを防ぐためだ。青いトマトのほうが傷つきにくいのである。出荷段階で青かったトマトは、スーパーなどの小売店に届く頃には熟して赤くなる。

傷を防ぐために一kg箱での出荷を始めたよつ葉であったが、「流通段階で傷がつかないのなら、いっそ完熟してから収穫して出荷してもらったほうがよいのではないか？」というアイデアが浮かんだ。樹から離れた後で熟するより、樹についたままで熟したほうが、木のエネルギーと陽射《ひざ》しのエネルギーをたっぷりと浴びることで、明らかによりおいしくなるのだ。

こうして、「樹成り完熟・地場の箱ごとトマト」が誕生した。そのおいしさが口コミで広がり、今でもよつ葉の定番ヒット商品となっている。

「うちが『樹成り完熟・地場の箱ごとトマト』を売り始めてから、他の業者にも追随して樹成り完熟・箱トマトと銘打って売っているところが結構あります。でも、正直、そのうちのどれだけが本物の『樹成り完熟』なのか、疑わしいと思っています。だって、樹になったままで完熟したのか、収穫してから完熟したのかは、見た目ではまったく区別がつかないからです。売るための単なるキャッチコピーとして『樹成り完熟』と銘打っている業者もいると思います」

よつ葉の「樹成り完熟・地場の箱ごとトマト」は、味わってみればおいしさの違いがわかる。元々おいしいトマトを、「樹成り完熟」に変えることによってさらにおいしくしたからだ。

「能勢町には高井友衛門さんという、トマト作りの名人がいます。二〇一二年から毎年開催されている『てっぺんトマトコンテスト』でも、高井さんの作るトマトはほぼ毎年一位もしくは二位に輝いてきました。

能勢町にはそのように、おいしいトマト作りの伝統があるのです。その土台の上に樹成り完熟というイノベーションが加わったのですから、おいしさはどこにも負けないと思います」

「てっぺんトマトコンテスト」とは、能勢の地場農家をまとめる集荷組織である「北摂協同農場」が主催し、能勢のトマト農家がトマトの味を競う、トマトの味比べコンテストである。二〇一二年から毎年開催されている。よつ葉の会員からも参加希望者を募り、参加者全員でトマトを一切れずつ試食し、投票用紙に評価を記入してもらい、一位から三位までを決定する。

そのようなコンテストが恒例となり、盛り上がるほど、能勢のトマトのおいしさはよく知られている。そしてそれが、よつ葉の「樹成り完熟・地場の箱ごとトマト」になるのだ。

中間業者が介在しないから新鮮

さて、ここまで流通の仕組みに比重を置いて筆を進めてきたが、野菜のおいしさ・新鮮さも大きなポイントであることは言うまでもない。

そして、よつば農産が扱う地場野菜は、新鮮さとおいしさにおいても一般の市場流通野菜より優れている。それは、集出荷の仕組み自体が異なるからだ。

通常の市場流通の場合、農家と消費者の間には中間業者が介在している。それは、一定の規格で大量の野菜を集めるためには便利な仕組みである。だが一方で、野菜本来の性質より、流通の都合が最優先されやすいというデメリットがある。

また、当然のことだが、中間業者が介在する分だけ、収穫から消費者の手に届く

「てっぺんトマトコンテスト」二〇一九年の入賞者。右から上村泉さん、北摂協同農場さん、原田ふぁーむさん（二名）（右）。コンテストは生産者、よつ葉職員、消費者である会員も交えて行われる（左）

までには小さからぬタイムラグがある。そのタイムラグの長さに応じて、野菜の鮮度は損なわれていく。

一方、よつば農産が扱う地場野菜の場合、中間業者が介在しないため、取れたてに近い状態で会員の手元に届く。基本は「当日（一部は前日）集荷↓当日仕分け・出荷↓翌日配達」であるため、新鮮だ。

また、それぞれの地場野菜を出荷するタイミングは、地場農家の判断に任されている。「今出荷するのがいちばん旬で、いちばんおいしい」というときに出荷をするのだ。このやり方は、入荷する野菜に過不足が生じるというデメリットはあるものの、現場の生産者の目で「もっとも旬な野菜」を届けるためには不可欠なものである。

そして、そのようなやり方は、流通・消費の都合で生産者が振り回される従来のやり方とは正反対といえる。よつば農産にとって、「起点は常に生産現場」である。できるだけ農薬に頼らず、自然に寄り添った旬な野菜を、生産者の思いをきちんと受け止めて会員の元に届ける――だからこそ、よつ葉の野菜は〝きちんと「食べる」、きちんと「暮らす」〟なのである。

第4章

よつ葉ならではの高品質ハム

―添加物でごまかさない、自然で豊かなおいしさ

時代に先駆け、無添加にこだわってきた

本章では、よつ葉のハム、ウィンナーなどの食肉加工品について紹介する。よつ葉で扱うハム、ソーセージ、ウィンナーは、合成添加物・化学調味料は一切使用せず、塩・粗糖・香辛料だけで作っている。おいしさとともに、その突出した安全性が大きな魅力なのである。

よつ葉が「能勢の里から」ハム工場を始動させ、ハムやウィンナーなどに本格参入したのは、今から二七年前の一九九三年のこと。その当時にはまだ、ハムやウィンナーについて「無添加」にこだわる消費者はほとんどいなかった。

読者の皆さんが子どもの頃、家の食卓に上っていたウィンナーを思い出してほしい。それは見るからに合成着色料をたくさん使った、毒々しい赤色をしていたはずだ。「それでも構わない。食べられればいい」という時代だったのである。

もちろん、当時から自然食品にこだわる人たちはいたが、その人たちはそもそもハムやウィンナーを好んで食べたりはしなかった。食肉加工品にはどうしても、合成添加物や化学薬品の類いがたくさん使われているというイメージがあったからである。

そうした中、「能勢の里から」ハム工場では当初から、時代に先駆けて、添加物でごまかさない自然なおいしさにこだわってきた。

草創期からの歩みを知る、「能勢の里から」ハム工場の佐藤雄一工場長に話を聞いた。

「足かけ三〇年近くやってきて、ようやく世間が僕らのやろうとしてきたことに近づいてきたという感じがしています。ハムやソーセージをスーパーなどで買って食べる普通の人たちも、無添加であるとか、原材料がどうだとかいうことにこだわるようになってきたからです」

素性のわかる豚肉のみを使う

「能勢の里から」ハム工場では鶏肉を使った加工品も作っているが、ここではメインの素材である豚肉に話を絞ろう。

よつ葉のハム、ウィンナーなどに使われている豚肉は、二〇年以上もよつ葉と提携している契約農場である奈良県天理市の「奥口ピッグファーム」と、京都府南丹市日吉町の「日吉ファーム」で肥育された豚である。奥口ピッグファームがメインの提携先だったが、そこだけでは素材が足りない状況になったので一五年ほど前から日吉ファームも提携先に加わった。

いずれの養豚場も、繁殖から肥育までの一貫生産を行い、豚に与える飼料についても安全なもの、自然なもののみを用いている。

ハムなどの製造過程で合成添加物・化学調味料は一切使用しなかったとしても、素材となる豚が安全な育て方をされていなかったら、意味がない。よつ葉のハムは、提携グループ内で肥育から加工・流通・販売までを行う一貫体制をとっていることで、安全性が担保されているのである。

「自然派食品を好む方が市販のハム・ソーセージ類を食べたがらないのは、使用されている肉が得体《えたい》が知れないからでもあります。どんな環境で育てられた肉なのかがわからない。もしかしたら薬漬けで育てられていたかもしれない。だから怖くて市販のハムは食べられない……そんな気持ちの方が多いのだと思います」

その点、よつ葉のハムは肥育から販売まですべて「自前」で行うので、肉の〝素性〟がわかる。育てた人・作った人の「顔が見えて」いる。だからこそ安心なのだ。

「抗生物質などの薬剤は与えない。市販の配合飼料を使わないということではありませんが、それをビリッと袋を破いてそのまま与えるということではありません。

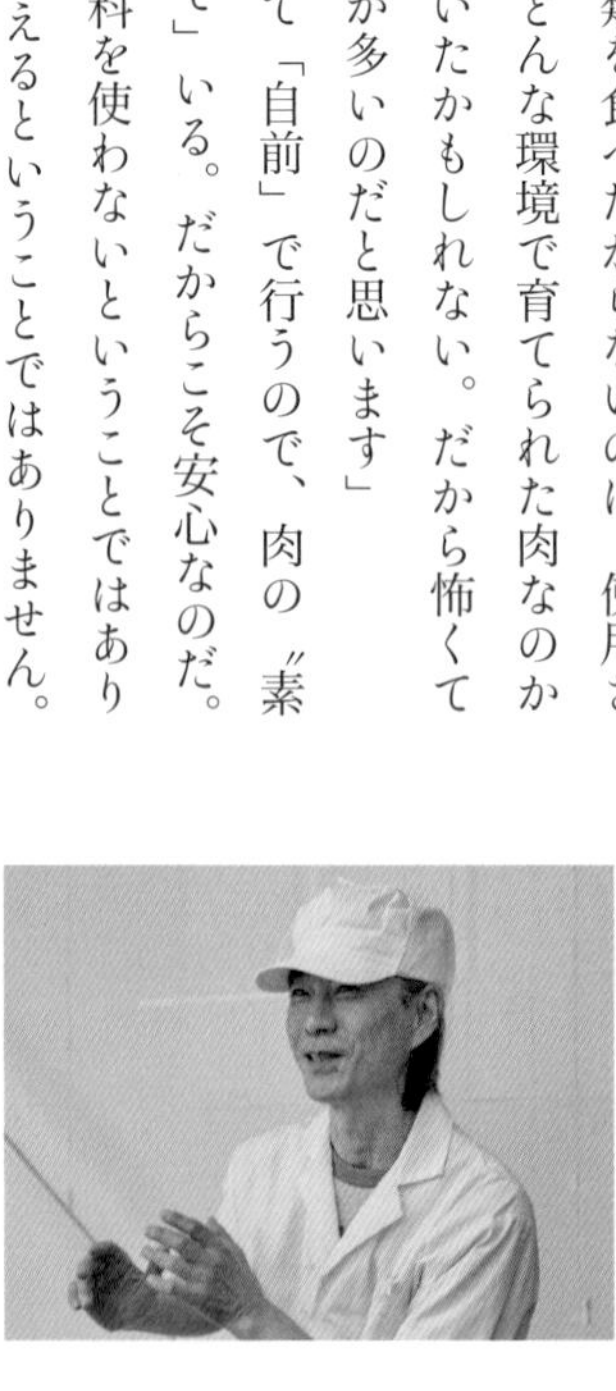

「能勢の里から」ハム工場、工場長の佐藤雄一さん

季節ごとの野菜をそこに混ぜて与えたりなど、豚の健康に気を配って育てています。特に、奥口ピッグファームでは野菜も自分のところで有機栽培で作っていますから、豚に与える野菜も安全なものだけを使っているのです」

新鮮だからこそ合成添加物がいらない

世の中の人が「食の安全」にこだわるようになった今でも、大手メーカーのハム・ソーセージ類には、合成添加物の類いが多数用いられている。それはなぜかといえば、「合成添加物を使ったほうが簡単に作れるから」でもある。

「例えば、生ハムと名乗るためにはその基準となる水分活性が決まっているのですが、それを無添加でやろうとするとなかなか難しいので、薬品を使って水分活性を整えたりします」

そのように、「足りないものを手っ取り早く補う」ために合成添加物や薬品が用いられる。

「また、肉というものは食肉処理してから時間が経過すればするほど、本来持っている結着力が弱まっていきます。だから、あまり新鮮でない肉をハムなどに加工す

ハム工場も能勢の豊かな田園風景の中にある

る場合、弱まってしまった結着力を補うために、結着剤（保水性を高め、形状を保ったり食感をよくするために加えられる合成添加物）を使うわけです」

逆に言えば、よつ葉のハムが合成添加物不使用で作れるのは、素材の肉が新鮮であるからなのである。

「一般には、ハムなどに用いられる肉は、長い保存期間を経て加工されます。食肉処理して脱骨・整形した後、真空パックにしたり、冷凍やチルド（セ氏〇度程度の冷蔵保存）にしたりして、原材料の状態で保存しておくんです。保管期間は、チルドの場合で一カ月くらい。冷凍の場合はもっと長いこともあります。

昔に比べたら保存技術も進歩してはいますが、それでも、時間がたてばやはり、結着力などの肉の元の性質は損なわれていきます。それを補うために各種添加物が使われるわけです。

それに対して、うちの工場の場合は肉の保存期間というものがほとんどありません。食肉処理された肉をグループ内の能勢食肉センターで脱骨・整形したら、すぐにうちの工場に運ばれてくるのです。

『その日のうちに』と言ったら少しオーバーですが、それに近いくらいの早さでここに来る。そして、運ばれてきたら、原則的にはすぐに加工の過程に入ります。保存したとしても、せいぜい一昼夜程度。素材として寝かしておく期間がないんです。

だからこそ、肉の結着力などがまだ損なわれていないので、添加物を使う必要がないのです」

そして、保存期間がほとんどいらないのも、よつ葉の会員たちという固定客を対象とした販売だからこそである。

「うちのハム類は、ほとんど受注生産に近いんです。というのも、よつ葉会員を通じて売れる数というのは、ほぼ決まっているからです。ある週に突然ものすごく売れることもなければ、まったく売れないということもない。だいたいこれくらい注文があるだろうと予想がつくので、それに合わせて作っています。だからこそ、いつ売れるかわからない在庫を持っておく必要がないわけです。だいたい、作って一両日中くらいの間には売れていきます。一度も冷凍していない冷蔵の豚肉のことを業界用語で『フレッシュ』と呼びますが、うちのハムに使っている肉はすべてフレッシュなのです。

そもそも、うちの工場には倉庫がないですから。大量にダンボールに入れて積み置いておくようなスペースが必要ないのです」

在庫を持つ必要がないから、倉庫もいらない――そのこと自体が、よつ葉のハムの新鮮さの証しなのだ。そしてその新鮮さと安全性は、よつ葉の会員たちに支えられているというわけだ。

本場ドイツでハム作りを修業

よつ葉の生産部門は皆、「最初からプロだった人が始めたわけではない」という共通の特徴がある。農業のプロ・畜産のプロ・豆腐作りのプロではなく、元は素人だったスタッフたちが一から学んでやり方を覚えていったのだ。それはハム工場についてもしかりである。

「僕がこの工場に入社したのは、設立された一年くらい後だったと思います。そのときにはハム作りについてはまったくの素人でしたし、上司から教わって見よう見まねで作り始めたのです」と、佐藤さんは言う。

よつ葉の生産部門のスタッフに共通の姿勢として、勤勉で勉強熱心であることが挙げられると思う。佐藤さんも、「能勢の里から」ハム工場で働くうち、「本場ドイツでハム作りを学んでみたい」と思うようになった。

その機会は、意外なきっかけで訪れた。二〇〇〇年代初頭に日本社会を大きく揺るがせた「BSE問題」である。

二〇〇一年九月に日本で初のBSE患畜が発見されたことを契機に、食用牛の全頭検査が導入されるなど、肉のトレーサビリティ確立が大きな課題となった。「牛トレーサビリティ法（牛の個体識別のための情報の管理及び伝達に関する特別措置法）」が作られるなど、牛肉の問題がクローズアップされがちだが、当然豚肉についてもトレーサビリティ確立が厳しく求められる時代になった。

そのため、肉のトレーサビリティ・システムについても先進国であるドイツに、能勢食肉センターの代表津田氏ら、よつ葉の関係者数人が視察に赴いた。その視察に際して、ドイツの精肉店やハム工場、また「ノイランド」という環境保護と食の安全を追求する畜産農家、加工工場、消費者の協同組織なども訪問した。そのうちのハム工場訪問に際して、「うちにもハム工場がある。そこの人間をここで修行させてくれないか？」という話になったのだという。

「それで、僕に『話はつけといたから、お前ドイツに修業に行ってこい』という話になったわけです。僕はドイツ語はまったくできませんでした。英語もそんなに得意ではないですが、少しだけ話せます。『ドイツは英語が通じるから大丈夫や』という話だったので安心して行ったのですが、ドイツでも英語が話せるのは基本的にインテリだけで、ハム工場の職人さんとかには話せない人が多いんですね。だから、言葉ではかなり苦労しました。会話ではどうしても専門用語が多くなりますからね。身ぶり手ぶりで示したり、辞書の言葉を指さしたりしながら手探りで会話しました」

そのような悪戦苦闘を経て学んだ本場ドイツのハム作りとは、どのようなものだったのだろう？

「日本人のドイツ人に対するイメージというと、『厳格で真面目で、動じない』というものだと思いますが、ハム作りについてもそのイメージ通りでしたね。教科書通り、基本通りに作って、そこから逸脱することはない……そういう職人さんが大多数なのです。

もっとも、そのような厳格さには、別の理由もあります。ドイツには精肉店やハム工場がたくさんあって、職人たちはよりよい待遇を求めてそれらを転々とする傾向があるんです。一つのところに勤め続ける人が少ない。となると、別の店や工場に移ったとき、あまり自己流の作り方をしていると仕事にならないわけです。だから、かっちりとしたスタンダードに添ったハム作りが基本になるわけです」

ドイツでの修業で佐藤さんが気付いたのは、「やはり、肉の新鮮さこそがハム、ソーセージの命だ」ということだった。

「『ドイツの伝統製法』という言い方がよくされますが、僕たちの作り方と特に大きな違いがあるわけではない。要するにいちばんの基本は、ドイツではハムやソーセージが非常によく食べられているからこそ、回転が早くて肉の新鮮さが保たれているということです。そこにこそおいしさの肝があるのです」

在庫を持たず、運ばれてきた肉を一両日くらいには消化する「能勢の里から」ハム工場のやり方は正しい――本場ドイツでそう太鼓判を押された気持ちになったのだった。

また、ドイツにおけるハム、ソーセージの存在感の大きさにも、佐藤さんは目をみはった。

「一般に、ドイツ人が家庭で取る食事の特徴は、『カルテスエッセン（冷たい食事）』という言葉に象徴されます。その名の通り、彼らは家庭では火を使って調理しないんですよ。昼食だけは温かいものを食べることが多いようですが……。

一般のドイツ人にとって、家で取る朝食や夕食はものすごく簡素です。そして、だからこそハムやソーセージ、ウィンナーのおいしさが重要なんだと思います。火を通さずにそのまま食べてもおいしいもの、そして種類がたくさんあるものが求められるわけです」

「うちの子、あんたんとこのもんしか食べられないんや」

「よつ葉の会員は、生産者との距離が近い」――これは、よつ葉に関わるすべての生産者／スタッフが口をそろえて言うことだ。その「距離の近さ」の要因はいくつかあるが、一つは会員と生産者、スタッフとの交流の機会が多いということである。

例えば、「工場ＣＬＵＢ」という体験・交流企画がある。よつ葉会員から希望者を募って、よつ葉の生産部門の工場を見学したり、体験したりする。そのリポートが広報紙『よつばつうしん』に掲載されたりする。

「今の若い人やお子さんには、ソーセージが動物の腸に詰めるものだということを知らない人も多いんですね。身近な食べものなのに、意外に知らない。工場で初めて腸詰めの工程を見て、びっくりされる方が少なくありません。昔はソーセージのことを『腸詰め』とも呼んだものなのですが……」

この「工場ＣＬＵＢ」だけでなく、実際に「能勢の里から」ハム工場の製品を好んで食べている会員と、直接話をする機会がさまざまある。そうした機会に聞いた、印象に残る言葉を、佐藤さんに挙げてもらった。

「七、八年前でしたか、会員の方から『うちの子、あんたんとこのもんしか食べられないんや』と言われたことがあります。そこのお子さんは、スーパーなどで売っている市販のハムやソーセージを食べさせると、アレルギー反応が出てしまって食べられないそうです。でも、うちの製品なら問題なく食べられるのだそうです」

ハム類にアレルギー反応を起こす代表的な例としては、牛乳アレルギーがある。それは、製造過程で使われる添加物の中に、乳化剤、ペーハー調整剤など、乳製品が使われているケースが多いためだ。

あるいは、いわゆる「つなぎ」――増量剤や結着補助剤として使われる添加物の中に、大豆タンパクや卵タンパクなどもよく利用される。そうやってハム・ソーセージは、大豆や乳、卵などのアレルゲンを含むため、アレルギーを持つ人の多くは食べられないのだ。

ハム類の安全性の問題は、長期的な人体への影響への懸念のみならず、単純に「食べられない」という問題としても現れるのである。

しかし、よつ葉のハム・ソーセージなら、添加物一切不使用だから、牛乳、卵、大豆などのアレルギーを持つ人にも問題なく食べられるのだ。

「うちの子、あんたんとこのもんしか食べられないんや」という声は、「添加物でごまかさない」姿勢を貫くハム作りの「正しさ」を証明するものとして、佐藤さんの心に今も響いているのである。

手作りへのこだわり

「能勢の里から」ハム工場の製造過程を見せてもらった。「工場」という言葉からはオートメーションを思い浮かべるだろうが、実際の作業を見ると、スタッフの手作業による部分が多く残されている。大手ハムメーカーなら機械でやるであろう工程でも、ここでは手作業だ。

例えば、原料となる肉が能勢食肉センターから運ばれてくると、最初に行うのは手作業による「整形」と「(肉の)掃除」である。

「『整形』というのは肉を赤身と白身、脂身に分ける作業です。『掃除』というのは、肉にリンパ腺や血管、骨などのいらない部分がついていることがあるので、それを取り除く作業です。

次に、赤身と脂身などに分けたものを、それぞれ細かく切ります」

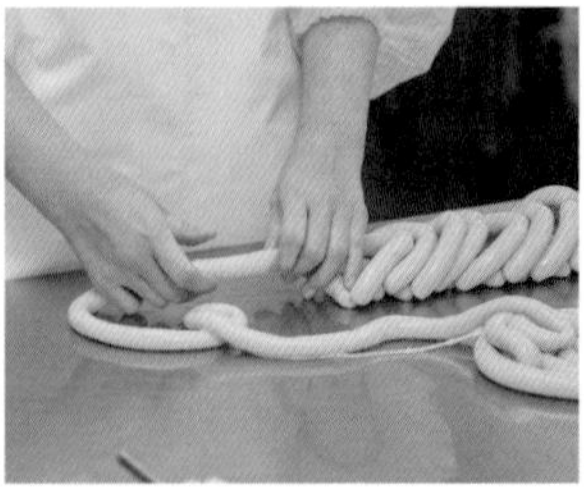
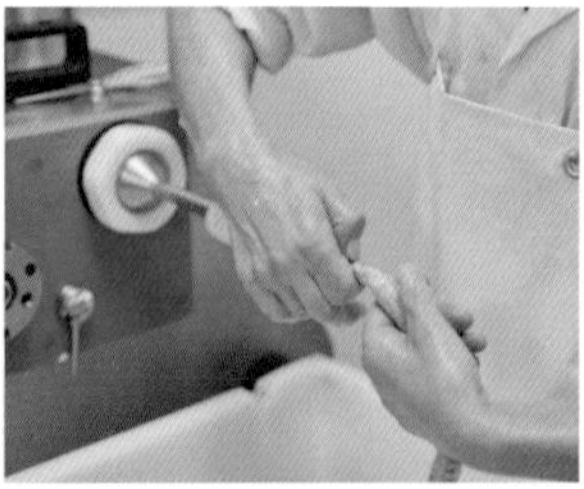

充填機から射出されたウィンナー（右）を手作業で形を整える（左）

ここまでが手作業。細かく切った肉はミンチ機にかけてミンチにし、その後にミキサーにかけて味付けをする。味付けは塩・粗糖（精製されていない砂糖）・香辛料のみでシンプルに行われる。

ウィンナー、ソーセージの場合、ミンチにして味付けした肉を充塡機《じゅうてん》にかけ、かぶせた羊腸に充塡する。充塡機からは設定された量のひき肉が羊腸に射出され、ひねって縛って形にする。

「ただ、その後で人手による修正が必要になります。機械ではひねりが足りなかった分をもっとひねるとか、空気が入ってしまったものはそれを抜くとか。あとは、充塡時に羊腸が破れてしまうこともあるので、それを元に戻すとか。目視と手作業がどうしても必要になります」

そして、腸詰めされたものを乾燥させ、次に燻煙《くんえん》をする。そして加熱。次いで、「スチームクッキング」と呼ばれる蒸しの工程となり、最後に冷たい水による冷却が行われる。それで、ウィンナー、ソーセージは完成となる。

ハムやベーコンの場合は、整形と掃除の後、味付け液に浸す。この味付け液も、塩・粗糖・香辛料を溶かしたシンプルなものであり、合成添加物の類いは当然用いない。

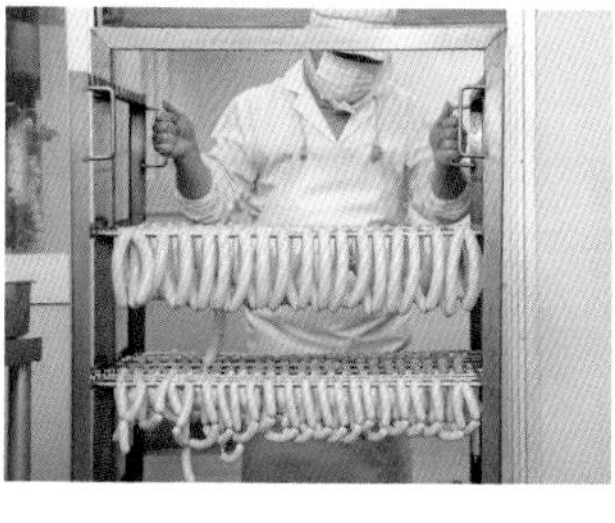

形を整えられたウィンナーを燻煙する

あとはソーセージと一緒で、乾燥・燻煙・加熱という手順となる。ハムの場合は加熱の後にスチームクッキングがなされるが、ベーコンの場合は加熱のみで蒸しの工程がない。

「ハムとベーコンの違いって、一般の人は味付けの違いとか使う部位の違いだと思っている人が多いですが、実は最終工程の違いなんです。最後にスチームクッキングをすればハムになるし、しなければベーコンになるのです」

「顔の見える」素材を用い、合成添加物を使わず、手作りの工程にこだわる——よつ葉のハムは、真の「豊かさ」を追求したハムなのである。

第5章

一粒の大豆、小麦などに込めた思い

―「安全でおいしい食材」を求め続けてきた歩み

1　安全で自然な豆腐にたどり着くまで

本章では、よつ葉で扱う加工食品——豆腐、パン、水産加工品など——が、いかに安心・安全とおいしさを懸命に追い求めてきたかを紹介する。

一切の添加物を使わず、国産大豆のみを用いる

まず初めに、「よつ葉の豆腐」の秘密を探ってみよう。

よつ葉の豆腐と油揚げなどは「別院食品」が一手に扱っている。そこで作られている豆腐は、契約栽培の国産大豆（無農薬・省農薬栽培）と地下水を用いて作られ、化学的な添加物は一切使われていない。豆腐を固める凝固剤は、昔ながらの「純国産にがり」のみである。

というと、首をかしげる向きもあるかもしれない。「そもそも、一般に市販されている豆腐にも、化学薬品なんか使われていないのでは？」と思う人も多いだろう。

しかし実は、一般の豆腐には、製造過程において化学的な成分が用いられている。

凝固剤と消泡剤である。まず、そのことを簡単に説明しておこう。

凝固剤とは、豆乳を豆腐として固めるためのもの。古くは、海水から塩を取った残りのにがり（＝塩化マグネシウム）が凝固剤として使われてきた。だが、現在では五種類の成分――硫酸カルシウム・塩化マグネシウム・グルコノデルタラクトン・塩化カルシウム・硫酸マグネシウム――が、食品衛生法で凝固剤として認められている。

五種類の凝固剤にはそれぞれ特質があり、豆腐の種類などによって使い分けやブレンドがなされる。だから、これらのすべてが含まれているわけではないが、化学物質が製造に使われていることは間違いない。

二つ目の「消泡剤」は、一般にはあまり聞き慣れない言葉だろう。その名の通り、「泡を消すための添加物」である。

水に浸けた大豆を潰し、加熱して絞り、豆乳にする過程で、大量の泡が生じる。タンパク質が泡になったもので、それ自体は無害だが、泡をそのままにしておくと豆腐製造の邪魔になる。食感の良いきれいな豆腐になりにくいし、豆腐の日持ちも悪くなってしまう。別院食品ではこの泡を職人の手作業で取り除いている。しかし、手間がかかるので一般には豆腐製造の過程で消泡剤を添加して泡を消すのだ。

この消泡剤として用いられるものに、油脂系消泡剤・グリセリン脂肪酸エステル・シリコーン樹脂がある。

これらは食品衛生法で、「加工助剤」として扱われている。「加工助剤」とは、〝加工中に消えてしまうか、食品の中に残っていても微量であるため、表示しなくてもよい〟とされるものである。したがって、化学成分が用いられているにもかかわらず、一般に市販の豆腐には、使用した消泡剤が表示されていない。

「よつ葉の豆腐」は、そのような化学的な凝固剤・消泡剤を一切用いずに作られている。だが、製造過程で化学成分を排除しても、原料となる大豆に問題があることも多い。

特に、アメリカなどの巨大農場で大量に生産される大豆は、飛行機から一斉に農薬を散布して栽培されたり、日本では禁止されているポストハーベスト農薬が使用されていたり、遺伝子組み換え大豆であったりと、安全面で懸念が多い。

だから、「よつ葉の豆腐」で使用するものは現在、顔の見える農家が作った国産契約栽培の無・省農薬大豆のみを用いている。

「添加物を使わないで作ろう」「信頼できる生産者の作った国産大豆を使って作ろう」——その二点を基本としてきたのが、「よつ葉の豆腐」である。

厚あげ用に水切りをする木綿豆腐

「より自然な豆腐」を求めての試行錯誤

すでに何度も登場している津田道夫さんは、現在、別院食品の代表でもある。その歩みを簡単に振り返っていただいた。

「よつ葉の豆腐の原点は、能勢農場に初期から関わってきた僕らの仲間・一瀬啓次さん——通称いっちゃんが作っていた『いっちゃん豆腐』にあります。一瀬さんは牛乳屋から豆腐屋に転じた人で、彼が中心となって、よつ葉の惣菜工場である大北食品で豆腐生産を始めたんです。一九八〇年代中頃のことです。当時は、能勢に小さな豆腐工場がありました。

にがりだけで豆腐を作ると、大豆の種類や水温の変化によって凝固にバラつきが出て、安定した品質にするのが難しいんです。一般の豆腐屋さんが化学的な凝固剤を使うのは、そのためです。その技術的課題に挑んだのが一瀬さんで、最初の頃は豆腐が硬くなり過ぎたり、逆に硬くならなかったりと、大変だったのです」

試行錯誤の末、国産にがりだけを使っても安定した豆腐作りができるようになった。「いっちゃん豆腐」はよつ葉会員にも好評をもって迎えられ、生産量は次第に増えていった。やがて、能勢の小さな豆腐工場では賄いきれなくなった。

「そこで、別院（京都府亀岡市東別院町）にある物流センターの隣に、もっと大きな豆腐工場を新しく建てようということになった。そのときに、豆腐生産専門の会社を分社独立したんです。それがこの別院食品というわけです」

別院食品が新工場とともにスタートしたのは、二〇〇一年のことだ。

当時から国産大豆を原料に使用してはいたものの、スタート当初はまだ、契約農家からの直取引による大豆ではなかった。問屋から国産大豆をまとめて仕入れていたのである。

「国産大豆を使っているとはいえ、問屋から買う形だと、その大豆をどこの誰がどうやって作ったか、まったくわからないわけです。そのことに対して、『よつ葉の理念から言うと、それはおかしい』という声が内部から挙がりました。それは当然のことだったと思います。我われは、顔の見える生産者を対等なパートナーとすることで、食の安全を確保してきたわけですから……。

そこから、豆腐作りに使う大豆も、よつ葉でお付き合いのある生産者から直接買う形に、少しずつ変えていきました」

問屋から買う大豆は一切使わない豆腐作り――そのことが実現するまでには、長い時間がかかった。

よつ葉と付き合いのある生産者は、主に小規模農家である。一方、豆腐生産には大量に大豆が用いられる。別院食品で使う大豆は現在、年間四〇〇トンにも及ぶ。したがって、よつ葉の豆腐をすべて「顔の見える生産者」の大豆に置き換えるためには、たくさんの生産者と契約しなければならなかった。

「例えば北海道の巨大な大豆専門農家が相手なら、うちで使う年間四〇〇トンをそこだけで賄うことは可能かもしれません。でも、うちの場合、元々付き合いのある各地の農家に、『大豆も作ってもらえないか?』と依頼していく形でしたから、どこか一つの生産者にまとめるわけにはいかなかったのです。

北海道、山形、滋賀、島根、熊本など、各地の生産者に協力を依頼して、少しずつ問屋の大豆を減らしていきました。栽培を契約した生産者から、収穫後に乾燥した大豆を別院食品に直接送ってもらう形です。

すべての原材料をそういう大豆に置き換えるまでには、一〇年ぐらいかかったでしょうか。つまり、ここに工場を移してから一〇年後の二〇一一年くらいになって、ようやく『顔の見える大豆』——どういう作り方をしているかよく知っている生産者の大豆だけを使って、豆腐作りができるようになったのです」

より自然で、より安全な豆腐を追い求める歩みは、その後もなお続いている。そ

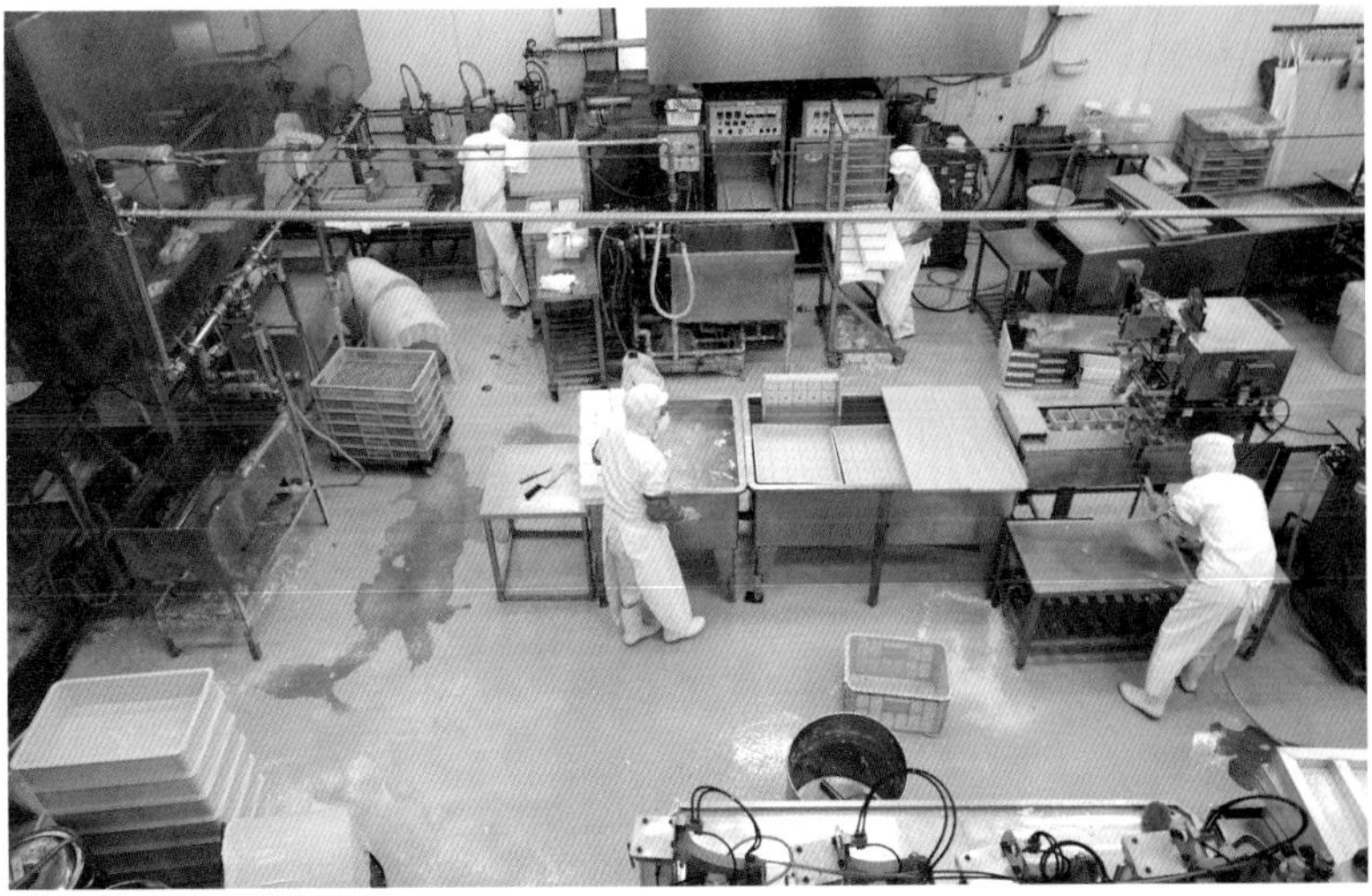

よつ葉の工場は作業が見学できるようになっているところが多い

大豆は季節・水温によって、冬は24時間、夏は10時間ほど浸漬する（右上）
浸漬した大豆をすりつぶして圧力釜で加熱する（左上）
にがりを打ってできた豆腐を型に入れて水を切って形を整える（もめん豆腐）（右下）
水を切った絹ごし豆腐を冷水に放ち、一丁ずつ切り分け、冷やし込む（左下）

の一つは、無農薬豆腐への挑戦だ。

「うちが契約している農家さんは、基本的には省農薬栽培です。それも、『一回の栽培につき、殺虫剤、除草剤はそれぞれ一度しか使わない』という厳格な省農薬基準があります。その基準にかなった農家とだけ契約しているので、一般農産物に比べたらはるかに安全です。

そこから一歩進めて、無農薬栽培の大豆のみを使った『無農薬豆腐』に、八年前（二〇一二年）から取り組んでいます」

つまり、「顔の見える大豆」への移行が完了した後、すぐさま「ネクスト・ステージ」への挑戦が始められたのだ。

「無農薬栽培って、大変なんですよ。まず、害虫や病気が発生しがちなので、収穫量が大幅に減少するリスクがあります。また、除草のために機械を入れるとか、手作業で除草するとか、農家の負担も大きくなります。

だから、我われの側から生産者に無農薬栽培を無理強いするわけにはいきません。話し合いをして、また無農薬栽培の大豆は買い取り価格をやや高くするなどして、納得してくれた農家さんにはお願いをする……そういう形で、無農薬大豆の割合を少しずつ増やしてきたのです。

今でも全部が全部無農薬というわけにはいきません。ただ、よつ葉会員の皆さんに、一年を通して無農薬豆腐を買っていただける程度にはなってきました」

今、スーパーなどで売られている豆腐は、格安のものと高級志向のものに二極化している。安いものは一丁四〇円などという値段である一方、味や原料にこだわった高級豆腐には一丁数百円もするものがある。無農薬豆腐は、作る手間暇からしても、一般的には高級豆腐の範疇《はんちゅう》に入るだろう。

だが、その中にあって、よつ葉の無農薬豆腐はごくリーズナブルな価格といえる。安全性とおいしさはもちろんのこと、値段の手頃さにおいても会員の支持を集めている。

多種多様な大豆を、いかに安定した豆腐にするか？

「より安全、より自然な豆腐」を求めれば求めるほど、豆腐の作り方はいっそう難しさを増していった。別院食品一八年の歩みは、その困難との闘いでもあった。

例えば、化学的な凝固剤・消泡剤を使って作ったほうが、豆腐の作り方は簡単になる。それを使わないことは、「安全性を重んじる代わりに、難しい製法を敢えて選ぶ」ということでもある。

原料の大豆についても同じことだ。

「別院食品がスタートした当初は問屋から大豆をまとめて買っていたわけですが、それは『フクユタカ』といういちばんポピュラーな品種、豆腐作りに最適だといわれている大豆でした。フクユタカという一種類の大豆だけを使っていたので、品質は均一で、その分だけ豆腐も作りやすかった。いつも同じやり方をしていればよかったからです。

ところが、すべての大豆が契約栽培のものになってからは、産地も生産者も異なるたくさんの大豆を使っています。そのため、豆腐作りとしてはかなり高度で難しい作業になっています。大豆は品種や栽培地域によって、タンパク質の量や糖質の高低などにかなりのバラつきがあるからです。そのバラつきに合わせて、その都度作り方を微調整しないといけないわけです。例えば、タンパク質が少なめの大豆はにがりで固まりにくいので、その分にがりの量を増やさないといけないとか」

それぞれの生産者に同じ品種を作ってもらえればよいのだが、そうはいかない。というのも、産地によって、その土地にもっともふさわしい品種が異なるからだ。

「その土地に合った、その時々のいちばんおいしく作れる作物を作ってもらう」と

別院食品工場長の竹田正幸さん

いうのがよつ葉全体の基本姿勢だから、大豆の品種を均一にすることはできない。

「大豆の収穫は年一回ですから、秋に収穫した大豆をうちの契約量に応じて、一、二月くらいに一年分買い取るわけです。それを保管しておいて、一年かけて使っていきます。例えば、一、二月は山形産の何々という品種、三、四月は北海道産の何々……というふうにリレーしていくのです。

そういうやり方に変えてから、カタログにも『今週の豆腐はどこそこ産の大豆を使用しています』と明記できるようになりました。それは、会員さんにとってみれば安心材料の一つだと思います。

でも、品種が変わると、その性質に合わせて豆腐の作り方も変えないといけない。そこが作り手側の大変なところで、今のやり方になってから八年が過ぎた最近になって、ようやく品種別の特徴にうまく対応できるようになってきたところです。最初の頃は豆腐の質が不安定で、会員からも『先週の豆腐はとてもおいしかったのに、今週のはまずい』といったクレームがよくありました」

では次に、そのような苦心を現場で続けている、竹田正幸工場長に話を聞こう。

竹田さんが別院食品に入社して豆腐作りを始めたのは、今から一七年前のこと。したがって、大豆を問屋から仕入れていた時期も知っていれば、無農薬豆腐に挑戦

あらかじめ水切りしてあり、炒め物など調理用に使いやすい堅豆腐

を始めた経緯も現場で見てきた。

大豆の種類が変われば、その性質に合わせて作り方も変えなければならないというのは、具体的にはどのような作業なのだろう？

「『この品種の大豆はだいたいこういう性質だ』という、一般的な基準はあるんです。でも、大豆は生き物ですから、基準にピッタリ収まるかといえば、なかなかそうはいきません。うちの場合は特にそうです。というのも、一般に出回っている大豆は粒がそろえてあったり、等級を合わせてあったりするものですが、うちに契約農家さんから入ってくる大豆は、粒の大きさもバラバラなのです。そして、大豆は豆の大小によっても性質が変わるのです。

なので、実際にその大豆を使ってみて性質を見極めるしかない。例えば、大豆を水に浸けたときの水の吸い方とか、すりつぶして豆乳にしてみたときの濃度とか……。そういうものを見て『今回のこの豆はこういう感じか』というのがわかるので、それに応じて、加水の量とか水に浸ける時間の長さ、にがりを合わせるタイミングや混ぜ方などを調節していきます」

特に、使う大豆の品種が入れ替わる時期は、新たな豆に対応できるようになるまでの調整作業が大変だという。

「工場長の僕が大豆の在庫は常に把握していますので、『来週にはこの品種を使い終えて、次の豆に変わるな』というタイミングがわかります。その時期には、豆腐の質を安定させるまでがひと苦労ですね。取りあえず豆腐を試作してみて、作り方を調整していきます。

それと、一種類の大豆だけを使い続けるのみならず、時には豆のブレンドを行うこともあります。『この品種とこの品種を、これくらいの比率で混ぜ合わせるとちょうどいいな』というブレンドを試みるのです。

そんなふうにあの手この手で工夫をして、与えられた大豆を無駄なく使うことも、工場長としての僕の役割です」

素人考えで、『豆腐作りというのはもっと簡単なものだと思い込んでいたが、豆腐作りとは実に奥深いものだ。いや、豆腐作り一般というよりも、「よつ葉の豆腐」が奥深いのだろう。

「『やっとこの大豆に対応できて、味が落ち着いたな』と思ったら、すぐに品種の変わり目が来てしまったり……。そういう苦心の繰り返しですね。『常に考えながら作り続けないと、おいしい豆腐にはたどり着けない』――そんな思いです」

「豆腐のおいしさではどこにも負けない」

今や一七年間を豆腐作りに明け暮れ、〝豆腐マスター〟の風格すら漂わせる竹田工場長。だが、「実は僕、元々は豆腐が嫌いやったんです」と打ち明ける。

「子どもの頃、なぜか我が家では木綿豆腐しか食べていなくて、絹ごし豆腐を食べたことがなかったんです。近所に豆腐屋さんが一軒だけあって、そこは世間ではおいしいといわれている店だったんですが、僕はその店の木綿豆腐が嫌いで、おいしいと思ったことがなかったんですよ。それで豆腐嫌いになってしまった。でも、大人になってから働いた焼き鳥屋さんで、生まれて初めて絹ごし豆腐を食べたら、すごくおいしかったんですね。それが、別院食品に入社する一年ほど前のことでした。入社して初めてここの絹ごし豆腐を食べたら、初めておいしいと感じた絹ごし豆腐に近い味がしました。そこからは豆腐が好きになりました」

そして今、「豆腐作りのプロ」となった舌で判断して、竹田さんは「よつ葉の豆腐は、おいしさではどこにも負けないと思っています」と胸を張る。

「豆腐のおいしさの決め手となるのは、まず豆乳の濃度ですね。うちは濃度ではかなりのレベルに達しています。

うすあげやすしあげなどの油は、カタログ『ライフ』と同じ、非遺伝子組み換え一〇〇％の一番搾り菜種油

例えば、おいしい豆腐ブランドとしては京都の『京とうふ』（地域団体商標）が有名ですが、『京とうふ』として認証されるためには、国産大豆一〇〇%で、豆乳濃度が一三Ｂｒｉｘ（ブリックス）以上なければいけません。うちの場合、組織に入ってないので『京とうふ』と名乗れないが、豆乳濃度は一四Ｂｒｉｘくらい出ますから、負けていません。

会員の皆さんからも、『よつ葉の豆腐は、ちゃんと大豆の味がする』というお褒めの言葉をよくいただきます。何もかけなくても、素材そのものがおいしい豆腐になっていると思います。

糖度については、使う大豆によって変わってはきますが、総じて高めで、しっかり甘みのある豆腐です。

あと、うすあげや厚あげなどのあげ類にも自信があります。一般のあげ類は、そもそも揚げ油の質が悪いので、湯通しなどの「油抜き」をしないといけないものがほとんどです。うちのは、会員さんにお届けしている「よつ葉の菜種油」と同じ、非遺伝子組み換えの一番搾り菜種油を良い状態でしか使わないので、「油抜き」の必要がなく、そのままお味噌汁に入れてもおいしく仕上がります。また、元々の生地の豆腐のおいしさが味わえるお揚げなのです。

もしも仮に、子どもの頃からよつ葉の豆腐を食べていたとしたら、僕はきっと『豆腐嫌いな子』になっていなかったと思うんです。その意味でも、子どもさんに自然なおいしいものを食べさせることができるよつ葉は、とても意義深い食育運動だと思っています」

「今もまだ、理想の豆腐にたどり着くまでの過程だと思っています」と、竹田さんは言う。

「濃度、甘みなどの味わい、程よい硬さと弾力、食感……すべての面で理想の豆腐というのが僕の頭の中にはあります。でも、まだまだそこには届きません」

——「よつ葉の豆腐」は、これほどの情熱と創意工夫によって作り出されている。

2　「よつ葉のパン屋さん」が語る、パンへの熱い思い

続いて、会員の皆さんには「よつ葉のパン屋さん」としておなじみの、「パラダイス&ランチ」の代表・高木俊太郎さんに話を聞いた。

「よつ葉のパン屋さん」といっても、パラダイス&ランチは、これまで紹介してきた会社と違い、大阪府高槻市・茨木市・大阪市西区に計四つの店舗を持つ資本的には独立した企業である。しかし、一般的に言われるような単なる納入業者・契約工場とは大きく異なる存在だ。

「うちが今焼いているのは、よつ葉に卸すパンと、うちの店舗で売るパンだけ。それ以外はありません。他のところから『うちにもパンを卸してくれ』というお誘いを受けることも、正直、なくはありません。でも、お断りしています。うちはよつ葉とはパートナーだと思っていて、よつ葉のパンを焼くことに集中したいからです」

高木さんがそのように言う背景には、創業者である父から二代続く、よつ葉との長い付き合いがある。

国産小麦にこだわる理由

パラダイス&ランチという、パン屋としてはユニークな社名は、音楽好きな創業者が愛聴していたライ・クーダー（アメリカのギタリスト／音楽家）の同名アルバムに由来する。

一九八〇年代に創業した頃は、ごく普通の「町のパン屋さん」だった。当時としては珍しい国産小麦の使用にかじを切ったのは、まだ幼かった息子――つまり現代表の俊太郎さん――が、食物アレルギー、アトピー性皮膚炎を発症したことがきっかけだった。

アレルギーやアトピーを改善するため、息子には無添加で自然な食べものを食べさせたい――そんな思いから、よつ葉の会員となった。当初は、一会員として食品を購入するだけの関係だった。俊太郎さんの症状は、徐々に軽減されていった。

そこから、創業者は「うちの店もよつ葉のように、おいしいだけではなく、安心で安全なパンをお客様に提供したい」と思うようになった。そして、無添加・国産小麦にこだわるパン作りを進めていく中で、自然な形で「よつ葉のパン屋さん」になったのだ。

パラダイス&ランチの店舗は、大阪府高槻市など四カ所にある（写真は高槻市栄町の本店）

「今は能勢農場の代表になっている寺本（陽一郎）さんが、当時よつ葉の配送をされていて、たまたま我が家にも配達をしていたんです。そこから、寺本さんの紹介で『高槻生協』（よつ葉の産直センターの一つ「北摂・高槻生活協同組合」）を通して、うちの本店がある高槻市近辺に配送するパンを作るようになりました。それが始まりです。

そこから、よつ葉の会員数が拡大するにつれてうちが扱うパンの量も増えて、今では全部担うことになったというわけです」

先代からずっと、国産小麦を使ったパン作りを続けてきた高木さん。その理由を語ってもらった。

「僕は高校生くらいから父のパン作りを手伝っていました。当時は国産小麦の質が今よりも低くて、パン作りがしにくい小麦だったんですよ。膨らみにくかったり、逆に膨らみ過ぎたり、不安定で……。パンそのものが西洋のものだから、日本人はパン向きの小麦を作り慣れていなかったのかもしれません。そもそも、パン用の小麦を日本で作っていなかった時期も長いですから。

当時に比べたら国産小麦もかなり使いやすくなりましたが、今でも外国産小麦のほうがパンは作りやすいですよ。そのためもあって、日本のパンのほとんどは外国

パラダイス&ランチ代表の
高木俊太郎さん

産小麦を使って作られています。国産小麦使用のパンは、全体の一〜二％程度にすぎないのです」

それでも敢えて国産小麦を使い続けるのは、安全性が高いからだ。

「外国産小麦には、安全性への懸念があります。最近問題になった例で言うと、外国産小麦を使った日本の食パンやパスタのほとんどから、『グリホサート』という物質が検出されています。いわゆる残留農薬ですね。

グリホサートは、日本でもホームセンターなどで売られている『ラウンドアップ』という除草剤に使われている成分です。ラウンドアップが、小麦を作る際の雑草駆除のために使われているのでしょう。ラウンドアップは、僕も庭仕事に使ったことがありますが、とてもよく効く除草剤です。よく効くということは草を枯らす効果が強いということで、その成分がパンの中にも残っているのは怖いことだと思います。

ポストハーベスト農薬の問題もあります。外国産小麦は、外国から輸入されてくる過程で、船倉の中で農薬と同じ成分の薬剤燻蒸処理が行われます。

一方、国産小麦からはグリホサートは検出されていないし、また日本はポストハーベスト自体が禁止されていたりと、外国産小麦に比べたらはるかに安全性が高いのです」

よつ葉との「二人三脚」でのパン作り

国産小麦を使うことと並んで、高木さんがこだわっているのは「添加物不使用」ということだ。

既成の大量生産のパンには、多くの添加物が使用されている。何日か常温で置いておいても、カビが生えることがほとんどないのはそのためである。

また、既成のパンは水分量をできるだけ抑えて製造することで、カビの生える可能性を低くしている。水分量を抑えれば、その分だけボソボソした食感となってしまう。それを避けるため、乳化剤などの添加物を加えてしっとりさせているのだ。

それに対して、パラダイス&ランチの食パンは添加物一切不使用であるため、常温で置いておくとカビが生えてしまうことがある。

「三日以内であれば消費期限・賞味期限内なのでカビは生えにくいとは思いますが、梅雨時などは三日以内でも危ないですね。なので、お客様には『うちの食パンは生鮮食品ですから、冷凍庫で保存しておいてください』とお願いしています」

そのカビやすさは、添加物を使っていない証し、安全性の証しでもあるのだ。

また、パン製造に使われる添加物として、「イーストフード」というものがある。

「パンを作るためにはイースト菌（パン酵母）を使う」ということは多くの人が知っているため、食パンの成分表示に「イーストフード」と書かれていても、「ああ、イースト菌のことね」と思ってしまうことが多いだろう。

しかし、イーストフードはイースト菌とはまったくの別物である。これは、イースト菌を活発にさせる働きを持った一六種類の食品添加物（そのうち一五種類が化学合成物質、焼成カルシウムのみ天然添加物）の「総称」なのだ。

しかも、イーストフードには一括表示が認められている。一六種類あるイーストフードのうち数種類を使っていたとしても、「イーストフード」とだけ表示すればそれでよい。代表的なイーストフードの一つ「塩化アンモニウム」には発がん性があるとされ、危険性が指摘されている。にもかかわらず、塩化アンモニウムと表示する義務はない。

なぜイーストフードが使われるかといえば、手っ取り早くパンを膨らませるためだ。酵母が栄養を取り、活動することでパンの生地は膨らむが、イーストフードは酵母の栄養源となり、短時間で大量のパンを作ることが可能となる。つまり、パンを大量生産するために添加物を使用し、安全性を犠牲にしているのだ。

それに対して、パラダイス＆ランチのパンは、イーストフードを使わず、天然酵

母などでじっくりと時間をかけて発酵させる。逆にその時間があるからこそ、小麦から旨味が豊かに引き出されるのだ。

そして、高木さんの安全へのこだわりは、よつ葉と組み、よつ葉の商品を原料としてパンに多く使うことによって、より徹底したものになっている。

「国産小麦だけを使って、添加物を一切使わないでパンを作っているパン屋は、うち以外にも少なくないと思うんです。ただ、そうしたパン屋がパン以外の品にどこまでこだわっているでしょうか？　例えば、パンにはさむベーコンに食品添加物がバンバン使ってあったとしたら、すべて台無しですよね？

うちの場合、バター、砂糖、食塩、野菜やフルーツ、ソーセージやベーコンなどをよつ葉経由で仕入れています。例えば、砂糖は『よつ葉のさとう』で種子島産の粗製糖。卵は『京都養鶏』の卵で、これもよつ葉。基本的にはすべてよつ葉で買える商品を使ってパンを作っています。

もっと言うと、別院食品の豆乳を使った豆乳ドーナツとか、よつ葉がないと成り立たないパンもたくさんあります。『この素材を使ってほしい』と提案されることも多いですよ。例えば、『加工用トマト、今年はたくさんできたから、ピザパンに使ってほしい』とかね。

そんなふうに、うちとよつ葉は互いに助け合いながらやっています」

パラダイス&ランチのパン作りは、よつ葉との「二人三脚」で行われているのだ。

「米粉一〇〇%のパン」ができるまで

パラダイス&ランチが作り、よつ葉会員に売られている人気商品の一つに、「米粉一〇〇%食パン」というものがある。これが誕生するまでの物語が、実によつ葉らしいので紹介しておきたい。

それは、今から十数年前、まだ高木さんが父の指導の下で駆け出しのパン職人として働いていた頃のこと——。よつ葉の産直センターの一つを訪問すると、そこのスタッフの一人からこう言われたという。

「実は、うちの子どもは小麦アレルギーで、パンが食べられないんです。高木さんのところで、小麦を使わないパンを作ってもらえないでしょうか？」

高木さんはそのとき、「パンには小麦のタンパク質に含まれるグルテンというものが必要で、それがないと膨らまないので、小麦を使わないパンは難しいですね」と答えた。相手の落胆した顔が目に焼き付いた。

「当時の僕は未熟だったので、恥ずかしながら、小麦を使わないパンを作ることをあっさりと諦めていました。その後、米粉を使ったパンも少しずつ出回るようになっていきましたが、パンの膨らみを保つために小麦由来のグルテンが添加されていました。つまり、小麦アレルギーに対応したパンはなかったのです」

だが、その後、ある製粉会社が試作した「米粉一〇〇％のパン」を試食する機会があった。形は不格好で膨らみも乏しく、味わいはパンとお餅の中間のようだった。

「その米粉のパンが、見た目は悪かったけどおいしかったのです。衝撃を受けました。〝自分は『小麦を使わないパンは不可能だ』と決めつけていたけれど、パン職人として、わずかな可能性に賭けて頑張るべきではなかったか？『小麦アレルギーの我が子にパンを食べさせたい』と願ったあのお父さんの気持ちに、応えるべきではなかったか？〟……そんなふうに思ったのです」

そこから、高木さんの挑戦が始まった。タイプの異なるさまざまな米粉を使って、試作を繰り返した。

米粉をパンの生地のように練って焼いてみたら、鏡餅のようにカチカチに硬くなってしまった。パンのようなふっくら感が、なかなか出せなかった。

試行錯誤を重ねるうち、ふっくらとしたパンに仕上がることもあった。だが、米粉に

米粉100%食パン
小麦✕ 乳✕ 卵✕ 543円 +税
Paradise&Lunch
カリカリチーズ

は小麦粉のような厳密な水分量などの規定がないため、品質がなかなか安定しなかった。同じレシピで作っても、次の回にはうまくいかない――そういう失敗も重ねた。

そして、ようやくお米の甘みともちもちした食感を活かしたパンが完成したのは、試作を始めてから数年後のことだった。

ずいぶん待たせることになったが、「小麦を使わないパンを作ってもらえないでしょうか？」と最初に言ってきた産直センターのスタッフと、そのお子さんにも喜んでもらえた。

「うちの米粉一〇〇％のパンには、卵や乳製品も使用していません。ですから、小麦アレルギーの人だけでなく、卵アレルギーや乳製品アレルギーの人にも食べてもらえるパンなんです。

小麦を使ったパンに比べたら見た目は不格好だし、中には『こんなのパンじゃない』と思う人もいるかもしれません。でも、『アレルギーのためにパンを食べたことのないうちの子に、パンを食べさせてあげたい』というお父さん、お母さんの気持ちには応えられたと思っています。僕自身が子どもの頃にアレルギーに苦しんだ経験があるからこそ、なおさらその思いは強いのです」

また、その米粉のパンがよつ葉会員に売られ始めてから、小麦アレルギーではない人の間にもファンが増えていった。「私は普通のパンが食べられないわけじゃないけど、お米のパンの味や食感が好きだから、いつも買っています」――そんなふうに言ってくれる会員さんは少なくない。

「僕は店舗でお客様の声を直接聞くことができますが、卸売りの場合、普通はお客様の声に直接接することはないですね。でも、よつ葉の場合は会員さんの声を聞く機会があります。

例えば、よつ葉に関わる生産者たちと何百人もの会員さんが集まる大規模な交流会というのが、一年半に一度くらいのペースで開催されます。それはホテルの大広間のようなところを借りて行うもので、うちもそこにブースのようなものを設けるので、うちのパンのファンの人たちがたくさん来てくれます。

また、それ以外に小規模な交流会もあるので、そういう機会に、『米粉のパンが好きだ』とか、『うちの子も小麦アレルギーだからうれしい』という声も、結構直接耳にするのです」

そのように、生産者と個々の会員の間の「距離が近い」ことも、よつ葉の大きな強みである。

3 「プロの味より家庭の味を」の「よつ葉のキッチン」

よつ葉の生産部門を紹介する章の最後は、「大北食品」に光を当てることとしよう。大北食品は、「よつ葉のキッチン」の名で親しまれる惣菜専門の加工会社である。大北食品の工場は、京都府亀岡市内から車で二〇分、大阪の茨木・高槻市からは車で三〇分という山あいに、よつ葉の物流センターなどとともにある。自然に恵まれた環境の中で、冷凍・冷蔵の惣菜、水産加工品、うなぎの蒲焼き、梅干しや、年末のおせち商品なども加えると、合計一〇〇種類くらいの惣菜を作っている。

まずは、大北食品の歴史を駆け足で振り返ってみることにしよう。

大北食品の紆余《うよ》曲折の歩み

鈴木伸明さんは、大北食品の前代表であり同社の最初からの歩みを肌で知る一人である。

「大北食品が会社として設立されたのは、一九八八年のことです。そのときは摂津

大北食品の前代表、鈴木伸明さんはよつ葉の歴史を最初から知る一人

市に惣菜工場がありました。当初は能勢の豆腐工場も大北食品の一部門でした。

初代の代表になったのが小野嘉美さんという女性で、彼女は元々、よつ葉が始まる前から小さな中華料理店を経営していたのです。その小野さんが我われの仲間だったので、彼女が中心となって何人かで、よつ葉で売る惣菜を作り始めた。それが大北食品の淵源《えんげん》です。最初は素人に毛の生えたような感じやったけどね」

設立から一〇年が過ぎた一九九八年、摂津にあった大北食品の惣菜工場が東別院町へ移転。二〇〇一年には豆腐部門が「別院食品」として独立した。

また、翌二〇〇二年には水産加工品を扱う「よつば水産」が設立されるも、同社は二〇一三年には大北食品に統合された。そのような紆余曲折を経て、二〇一三年の統合時から代表を務めてきたのが鈴木さんである。

「以前のよつば水産では、主に北海道から仕入れた魚などを加工していました。それが経営的にうまくいかなくなったとき、私は『そもそも、北海道から仕入れた水産品の加工部門を持つ意味はあるのか？　よつ葉はその土地で採れた食材を活かすことでやってきたのだから、地元の大阪湾で獲れた水産物を加工することに特化すべきではないか？』と意見を述べたのです。そのせいで、『それならお前がやれ』ということで代表に据えられたのです（笑）。

その後、何とか黒字にはしたのですが、『水産加工部門と惣菜部門を同じ会社にしたほうが合理的ではないか』という経営判断があって、よつば水産を現在の大北食品の水産加工部としたのです」

昔ながらの「家庭の味」を追い求める

加工食品・惣菜は、今やスーパーやコンビニなどに行けばいくらでも手に入る。大手スーパーやコンビニは巨大な資本力を費やして次々と惣菜商品を生み出しているから、味の面でもバラエティの面でも、昔より格段に進歩している。

その中にあって、大北食品の小さな食品加工場から生まれる惣菜の持つ価値とは何か？ まず第一に安全性である。よつ葉のつながりを活かし、各地の「顔の見える生産者」たちから調達した原材料を使っているし、化学調味料や着色料・保存料などは一切加えずに惣菜を作っているからである。

現在、大北食品の代表の玉理圭佑さんも、「生産者の顔が見える惣菜作り」を、大北食品の強みとして挙げる。

「例えば、牛丼の具や牛肉コロッケといった人気商品にしても、能勢農場で育てた

大北食品代表の玉理圭佑さん

牛を自分たちで加工して使っているわけです。それがどのように育てられたのか、僕たちはちゃんと知っている。それは、大手スーパーやコンビニで売られている惣菜ではあり得ないことでしょう。

それ以外の生産物や調味料にしても、どのような生産者がどのように作ったものなのかが、よくわかっています。生産者とよつ葉会員を結ぶイベントなどを通じて、直接会う機会もありますし……。

二〇一九年二月の社員旅行の際に、うちが作っている梅干しに使う梅の生産者のところにも立ち寄りました。その農家さんは、僕たち正社員は前から知っていましたが、一緒に旅行に行ったパートさんたちにとっては初対面でした。そういう機会を持つことって、とても大切だと思うんです。自分たちがパック詰め作業をしている梅干しの梅を、誰がどのように作っているのかを知ることで、作業に思いが込められるというか……。その『思い』は目には見えませんけど、積み重なることで何かが良い方向に変わると思うのです」

もちろん、安全性一辺倒では商品として不十分で、おいしくなければ始まらない。おいしさへのこだわりも、もちろん徹底している。冬場の人気定番商品であるおでんを例に取ってみよう。

大北食品のお惣菜は、量が多いだけで基本的に家庭と同じ手作り

大北食品のおでんに使われる素材は、別院食品の厚あげ、よつば農産を通じて仕入れる野菜など、よつ葉でおなじみの「顔の見える食材」のみを使う。だしは、花かつお、うるめ、むろあじ、むろさば、昆布を使って取る。味の決め手はむろん調味料だが、それももちろんよつ葉のもの。化学調味料などは一切使わない。自然の旬の素材のおいしさが活かされたおでんなのだ。

その上で、鈴木さんが、おでんのおいしさの秘密の一端を明かしてくれた。

「大北食品のおでんには、隠し味として『しろたまり』という白醬油が使われています」

白醬油とは、小麦を主原料とした琥珀《こはく》色の醬油のこと。主に三河地方で造られてきたもので、普通の醬油より糖分が多く、独特の甘みがある。

「『しろたまり』は、愛知県碧南市の日東醸造という会社が造っている白醬油のブランドです。『究極の白醬油』とも呼ばれていて、一般の醬油に比べたら三倍くらいの値段です。値は張りますが、他のものに代え難い味わいがあるので、ずっと使っています」

そのようなこだわりはあるものの、基本的には昔ながらの「家庭の味」を追い求めてきたのが、大北食品の惣菜である。「プロの味より家庭の味を」が、大北食品の一つのスローガンなのである。

大北食品の加工場を、取材時に見学させてもらった。工場であるから、当然一部は機械化されている。揚げ物用のフライヤーや、真空パックにするための機械などだ。しかし、機械化は最低限であり、基本はスタッフによる手作りである。

何十キロも食材が入る大きな鍋で大根を炊いたり、イメージとしては工場というより給食センターに近い。少なくとも、大手コンビニなどで大量生産される惣菜のように、すべてがオートメーション化された工場とは程遠い。

「まあ、フル・オートメーション化できるほどの販路規模はうちにはないですから、ある程度まで手作りになるのは仕方ないということもあります。ただ、うちが追い求めるのは昔ながらの家庭の味なので、手作りのほうがふさわしいという面もあります。

そういう家庭の味が、今どんどん日本から消えていってるじゃないですか。それを消さないための一助になればと思って大北食品をやっているところはあります。

よつ葉の会員さんに接する機会があると、私はよく言うんですよ。『うちで作っている惣菜は、みんな昔ながらの家庭の味をめざしています。プロでなければ作れない惣菜ではなく、家庭でも作れるものばかりなんです。だから、理想を言えば、よつ葉の会員さんが各家庭で作るようになって、大北食品がなくてもいい日が来ればいい――そう思っています』と……」

立ち戻るべき原点は「大北憲章」

大北食品の加工場の壁には、「大北憲章」が大書された紙が貼ってあった。次のような内容である。

①食はいのちを頂くこと、いのちある食材は自然の営みが作り出すもの。人はその循環的な営みに寄り添ってよりよい手助けをすることが一番のすべきことである。
②いのちある食材、季節・旬の素材・身近にある素材を活かした食提案を心掛ける。
③長い間に培ってきた生産者との連携をいっそう発展させ、その四季折々の生産物を活かした食提案に努める。
④食のあり方は社会の変化とともに変わる。自然の摂理に反した人の活動は食のあり方を歪める。社会への批判精神を逞しくし、よりよい「我が家の食生活」を作り出すために役立つ食提案に務める。

鈴木さんが原案を作り、スタッフ一同と内容について話し合った上で、「憲章」として定められたものだ。玉理さんは、「スタッフ一人ひとりにとって、仕事について迷いや悩みが生まれたときに立ち戻るべき原点」になっているという。

「よつ葉グループのあり方として、誰か一人の長が物事を決めるという形にはなっていないですから、迷ったときにトップの決断を仰ぐというわけにはいきません。だからこそ、迷ったときのよりどころはこの憲章しかないんです。自分が今やっていること、やろうとしていることが、憲章の内容に合致しているかどうか――それが判断基準なのです」

例えば、「長い間に培ってきた生産者との連携」を大切にするという点。通常のスーパーなどでは当たり前に行われている「こちらのほうが安いから、こっちに切り替えよう」というコストカット的発想は、大北食品にはほとんどないといってよい。安全な良い食材を提供してくれる生産者であることが最優先であり、生産者との長年のパートナーシップが重んじられるのだ。

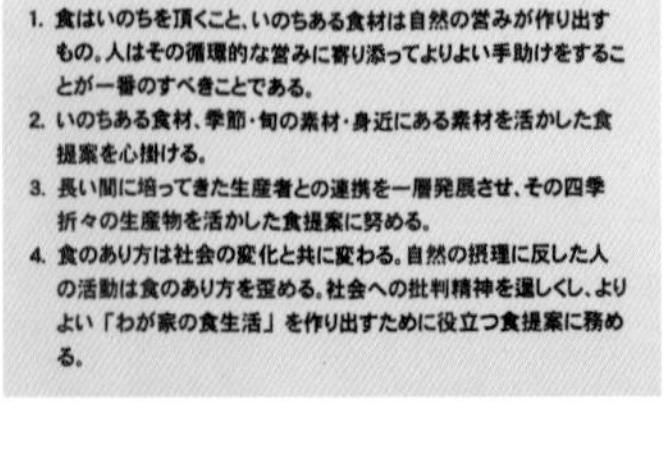
大北憲章

1. 食はいのちを頂くこと、いのちある食材は自然の営みが作り出すもの。人はその循環的な営みに寄り添ってよりよい手助けをすることが一番のすべきことである。
2. いのちある食材、季節・旬の素材・身近にある素材を活かした食提案を心掛ける。
3. 長い間に培ってきた生産者との連携を一層発展させ、その四季折々の生産物を活かした食提案に努める。
4. 食のあり方は社会の変化と共に変わる。自然の摂理に反した人の活動は食のあり方を歪める。社会への批判精神を逞しくし、よりよい「わが家の食生活」を作り出すために役立つ食提案に務める。

大北憲章

会員との「距離の近さ」から生まれる触れ合い

よつ葉会員の元に届く毎回の商品カタログ『ライフ』には、商品についての感想・意見を書くためのスペースが設けられている。そこに文章を書いてくれる会員は多い。その声は商品を作る側、生産する側にもフィードバックされる。会員の声を聞く大切な場の一つである。

鈴木さんは「うれしいのは、大北食品で我われが考えて工夫したことを、ちゃんと理解して受け止めてくれる会員さんが多いこと」という。

「例えば、梅干しはうちの定番商品の一つですが、ある年、天日干しの工程を一つ増やしてみたんです。私が子どもの時分には、梅干しは家で天日干しして作っていましたからね。昔ながらのやり方を取り入れてみようと思ったのです。

梅干しは、何回も天日干ししたほうが、酸っぱさの角が取れておいしくなるんです。ただ、干し過ぎるとカラカラになってしまうので、加減が難しいですが……」

いつもの年よりも天日干しのプロセスを増やしたその梅干しが売り出されると、「今年の梅干しはおいしい。昔懐かしい味がする」という反応が、アンケートを通じて多数寄せられた。

「ああ、ちゃんと違いをわかってくれたんだと思って、うれしかったですね。ただ、それで気をよくして次に小梅を天日干ししてみたら、こちらは不評でした。小梅は小さいので、干したらカラカラになって、潤いが乏しくなってしまったのです。『いつもの小梅と違う』というクレームが来ました（笑）。

まあ、時にはそんな失敗もありますが、そんなふうに、好評も不評もストレートに伝わってくるのもよつ葉ならではで、ありがたいことだと思います」

さらば「やんばるうなぎ」——思い出深い沖縄産うなぎ

コストダウンのために安易に生産者との契約を切ることはしないよつ葉グループだが、生産者側が廃業してしまう事例はある。大北食品の場合、長年の人気商品であった「やんばるうなぎ」がそうだ。

太平洋につながる金武《きん》湾に面した沖縄県金武町の、「金武養鰻《ようまん》場」（代表・渡嘉敷一雄さん）が素材を提供してきたのが、大北食品の「やんばるうなぎ」であった。「やんばる」とは「山原」の意で、手つかずの自然が息づく沖縄本島北部エリアを指す。

この「やんばるうなぎ」という商品名は、よつ葉会員にアンケートを行って決めたものである。大北食品の惣菜のうち、会員の声によって商品名が決まった唯一の例だ。

沖縄では、本土復帰後の一九七三年頃から、養鰻（うなぎの養殖）が盛んになった。元々暖かいので養鰻には適したエリアであった。最盛期には沖縄全体で五〇軒もの養鰻業者があったという。

だが、うなぎの養殖は技術的に難しく、シラスうなぎも高騰するなど経営環境も厳しさを増す中、少しずつ業者が減り、最後まで残ったのが金武養鰻場であった。

多くの養鰻業者が、うなぎに抗菌剤入りの餌をやるなどして、病気になりにくくして育てている。その中にあって金武養鰻場では、「無投薬」――抗菌剤・ホルモン剤の類いを一切使わずにうなぎを育ててきた。

無投薬を貫く養鰻は、その分だけ手間暇がかかる。毎日の水質検査、各池の掃除、水温チェックに厳しく気を配らなければならない。また、成長を急がず、密飼いもせず、うなぎにストレスを与えないようにして育てる必要がある。そのようにして育てられた金武養鰻場のうなぎは、食の安全にこだわるよつ葉で売るにふさわしいものであった。その癖のないおいしさも評判になった。

「やんばるうなぎを使った『うなぎおにぎり』というものを商品化して、外部のコンテストに出場したこともあります。その『うなぎおにぎり』は、今でも商品として続いていています」（鈴木さん）

そのように、大北食品としても思い出深いやんばるうなぎだが、ニホンウナギが絶滅危惧種に指定され、実際にここ数年シラスうなぎの極端な不漁が続く中で金武養鰻場は二〇一九年いっぱいで廃業した。

「今後は、高知県四万十市にある加持養鰻場からうなぎを生きたまま届けてもらい、大北食品でさばいて、蒲焼き加工して、よつ葉会員に届けます。やんばるうなぎに引き続いて人気商品になることを願って……」

加持養鰻場もまた、お父さんの代から四万十川の河口域で四〇年近く抗菌剤などを一切使わずにうなぎを育ててきた養鰻場だ。投薬をせずにうなぎを育てるためには、きれいな水環境が不可欠である。「最後の清流」とも呼ばれる四万十川は、河口堰《せき》や流域に大きなダムがないこともあって、比較的自然が保たれ、うなぎが棲《す》みやすい環境が残っている。そして今も多くの川漁師が川の恵みで生計を立てていて、例年一一月の終わりから四月にかけての夜、漁師たちがこの川に上ってくるシラスうなぎを捕るのが風物詩にもなっている。加持養鰻場では、長年にわたりこの

川のシラスだけを、投薬せずに健康的に育ててきたのだ。

うなぎを食べる習慣は、日本の食文化として縄文時代以来の長い歴史がある。うなぎを丁寧にさばいて蒲焼きにするという技術も、その中で育まれてきた。ところがそうした技術も、大量生産・大量販売が一般的になる中で、うなぎ専門店でも店でうなぎをさばいているところは少なくなってきた。スーパーの店頭に並んでいるうなぎの蒲焼きのほとんどは、別の工場でオートメーションの機械で焼かれたものである。

そんな中で大北食品は、加持養鰻場という新たなパートナーと共に、シラスうなぎを捕り〜育て〜さばき〜蒲焼きにして味わうという一連の食文化を守っていこうとしているのだ。

第6章

生産者とよつ葉を結ぶ絆

―地場農家も海外の生産者も、対等なパートナー―

1　地場農家から見たよつば農産

本章では、関西よつ葉連絡会と国内外の生産者たちのつながりを、生産者へのインタビューから浮き彫りにしてみよう。

「よつ葉ホームデリバリー」のウェブサイトには、「生産者紹介」というページがある。そこには、「農産品」「水産品」「たまご」「麺類」などの分野別に、よつ葉が契約している全国・海外の生産者たちが紹介されている。

そこに掲載されただけでも大変な数だが、これは契約生産者のごく一部である。会員宅に届けられるよつ葉のカタログ紙『ライフ』に、記事として紹介された生産者がサイトにも転載されているにすぎないのだ。

よつ葉と志を同じくし、安心・安全にとことんこだわって生産に取り組む、たくさんの人々――。そのすべてを本書で紹介するわけにはいかない。

そこで、ここではまず国内の代表として、大阪府豊能郡能勢町の地場農家の方々に話を聞いた。

また、章の後半では、よつ葉に関わる海外の生産者の代表として、たまたま来日中だったイタリアのワイン生産者、ブルーノ・フェッラーラ・サルドさんにご登場いただこう。

「トマトコンテスト」に集う新規就農者たち

第3章でも触れた、「てっぺんトマトコンテスト」というものがある。よつば農産を支える周辺の地場農家は四地区に分かれているが、そのうちの能勢町の地場農家で、トマトを生産している農家が参加するコンテストである。

よつ葉の数多い商品の中でも、夏場の指折りの人気定番商品である「樹成り完熟・地場の箱ごとトマト」。それを生産している農家がトマトの味を競い、三位入賞者までが表彰されるものだ。能勢の農家を担当する集荷組織「北摂協同農場」が主催し、よつ葉の会員からも参加希望者を募って行われる。

私たちは、第八回となった二〇一九年の「てっぺんトマトコンテスト」を取材し、終了後に地場農家の方々に話を伺った。

インタビューに応じてくれた三人は、いずれも「新規就農者」と呼ばれる人たち。つまり、元から農家だったわけではなく、脱サラするなどして能勢に移住し、新たに農業を始めた人たちだ。

そのうちの一人、成田周平さんは、放送作家から農家に転じた変わり種。他の二人――荒木隆さん、吉田伸之さんも、脱サラして能勢町に移住してきたという。

そして、三人にはもう一つの共通項がある。新規就農に際し、能勢町の「原田ふぁーむ」で研修を受けてから独立したということだ。

能勢町には、新規就農者を受け入れる研修先がいくつかある。中でも、全国的にも知られているのが原田富生さんが始めた原田ふぁーむだ。

原田さんは、能勢町でもっとも早い時期から有機農業での野菜栽培を始めたパイオニア的存在である。農協を通さず、消費者への直接販売で野菜を売るという、自立自存の道を模索していた。

「今でこそ、有機農業いうたら『環境に配慮して素晴らしいですねえ』と褒められますけど、原田さんが始めた頃にはまだ周囲の無理解もあったようです。『お前んとこが農薬使わんから、うちの畑にまで虫が来る。迷惑や』と言われたり……。

そういう時代から地道に続けて、今では周辺農家からの信頼も厚く、マスコミに取り上げられる機会も多い、能勢の有名人です」(北摂協同農場・安原貴美代さん)

その原田さんが、志を同じくするよつ葉と出会い、北摂協同農場を通じてよつ葉

「てっぺんトマトコンテスト」には、能勢のトマト生産者が一堂に集う

会員に売る有機農産物を供給しているのだ。

全国どこの農村でもそうだが、農家の高齢化が進み、後継ぎもおらずに離農を余儀なくされるケースが多い。だからこそ、他地域の若い新規就農者を迎え入れることは、地域全体にとって大きな課題である。原田ふぁーむは研修先となって積極的に新規就農者を受け入れることで、その課題解決に貢献しようとしている。

原田さんのように協力的な農家が多いことと、地場農家を大切にするよつば農産の存在によって、能勢町は新規就農者が入りやすい地になっている。今は二十数名が新規就農者として農業にいそしんでおり、これは他地域と比べてもかなり多い。

能勢町には地理的な利もある。のどかな中山間地域で野菜作りに好適である一方、車で二〇分も走れば大阪市内や豊中市・池田市にも行けるから、消費者にも近い。

取材した三人の、吉田さんは二〇〇九年に、成田さんは翌二〇一〇年に、荒木さんは二〇一二年に、それぞれ能勢町にやって来た。そして、原田ふぁーむでの研修を経て、今では三人とも独立し、屋号を持って農園を構え、有機栽培で野菜作りに取り組んでいる。

独立にあたっては、原田さんの信用もあり、能勢町の農地を格安で借りてスタートすることができた。「原田さんのところで修業した人なら大丈夫だろう」と、太

原田ふぁーむの原田富生さん

鼓判を押されたのだ。現在では三人とも地域の消防団員として活躍するなど、能勢の町の中に、しっかりと溶け込んでいる。

この三人が作っている野菜も、よつ葉の会員に届けられる。

「ただし、『野菜はよつば農産にだけ出荷してくれ』というような縛りは一切かけていません。私たちとしても、野菜を売るルートはたくさん持っていてくれたほうが、農家さんのためにもいいし、よつ葉のためにもいいからです。それはリスクヘッジになるということもあるし、チャンネルを多く持っていたほうが、有益な情報が多方面から入ってくるということもあります。

ですから、能勢町の新規就農者の皆さんも、よつ葉以外にも出荷している人が多いです。大阪市内などの市場に出荷したり、ネットを通じて消費者に直接売ったり……」（安原さん）

例えばトマトについて見てみると、成田さんはよつ葉にも出荷しているが、別の出荷先の割合も同じくらい高い。一方、吉田さんは作るトマトのほぼ一〇〇%をよつ葉に出荷している。

北摂協同農場代表、
安原貴美代さん

「農家主体の野菜作り」を応援するのがよつば農産

二〇一九年の「てっぺんトマトコンテスト」では、荒木さんが三位入賞。他の二人は入賞はかなわなかった。入賞を逃した二人はもちろん、三位の荒木さんも悔しさをにじませる。そして、三人とも「来年は優勝をめざします」と声をそろえるのだった。

三人の新規就農者に、地場農家の立場から見たよつば農産について語ってもらった。

成田「私たちの農業の師匠である原田さんも、よつば農産のことを『最高のパートナー』と呼んでいましたが、私もそう思います。

私は三三歳で脱サラして就農しましたが、そこから現在までやってこられたのは、原田さんの見守りのおかげであり、能勢町のあったかい人々のおかげであり、よつば農産のおかげでもあると思っています」

荒木「私たちのような新規就農者にとっては特に、作った野菜をちゃんと買い上げてくれるよつば農産がいてくれたことが、すごく大きな安心材料になりましたね。

これが例えば物産センターや市場に野菜を出荷する場合だと、出荷して売れなかったらそれで終わりで、売れなかった分を後で引き取りに行かないといけないわけです。それに対して、よつば農産の場合、決まった値段で、できた分だけ野菜を買い上げてくれる。特に、独立直後のまだ軌道に乗る前は、そのことがすごくありがたかったですね」

「決まった値段で、できた分だけ野菜を買い上げ」とは、第3章でも説明した、よつば農産独特の買い上げの仕組みのことである。

地場農家と集荷組織とよつば農産が話し合う「作付け会議」によって、栽培する野菜の種類と量はあらかじめ決める。ただし、高度に機械化された農業とは違い、有機栽培だから、予定量に届かなかったり、逆に予定を上回る収穫があったりという「波」がある。予定量を超えた分についても、よつば農産では決めた値段ですべて買い取る。逆に予定量に届かなかった場合にも、農家側が市場で野菜を買ってきて穴埋めをするようなことはしなくてもいい。

市場出荷の場合、一つの野菜が余っている場合には買い取り価格が安くなる。時には利益の出ない二束三文で売らなくてはならない。また、ある野菜が一〇〇取れたとしても、「五〇しかいらない」と言われたら、残りの五〇は捨てるなどしなければならない。

原田ふぁーむ現代表の荒木隆さん

吉田伸之さん

よつば農産の買い上げシステムは、農家側にそのようなリスクを強いることがないものだ。

成田「よつ葉さんに出荷する野菜は作付け会議で決まるわけですが、それは『この野菜がよく売れるからたくさん作ってくれ』という押し付けではありません。『この能勢の地に合った、旬で作れるおいしいものを作る。ただし、種類と量についてはなるべく過不足がないように調整する』という姿勢ですね。

例えば、うちの農園の場合、夏はトマトも作ればズッキーニも作り、オクラも作る。冬は葉物野菜を作る……という具合です。作らされているのではなく、農家が主体となった野菜作りができる。よつ葉さんはそのための応援をしてくれる対等なパートナーだと感じています」

「作付け会議といっても、基本は農家さんが作りたいとき、作りたい量を聞き、できるだけその希望に沿った形に調整するための会議です。そして、出荷する日にちや期間は農家任せです。『注文があったから、今日この野菜をこれだけ欲しい』といっても、その野菜がまだ青かったら収穫できませんよね？　旬な農産物を旬のときに会員さんにお届けするのがよつ葉ですから、いちばんいい出荷時期は農家さんが決めるのです」

成田周平さん

吉田「本当に、農家の側に立った素晴らしい流通システムだと思います」

農家の側にリスクを負わせないということは、逆に言えば、そのリスクをよつば農産が背負っているということでもある。

「地場農家の野菜はできた分だけ同じ価格で買い取ることにしているわけですが、ある野菜があまりに多く採れた場合には、例えばいつも一五〇円で売っているものを一〇〇円で会員さんに売ったりします。それはリスクといえばリスクですが、良い野菜を安定的にお届けするために、うちが負うべきリスクだと思っています」

それは、安心・安全なおいしい野菜を手に入れることと引き換えに、安定性の乏しさというマイナス面を納得してくれる会員がたくさんいるからこそ、成り立っているシステムでもある。

「私たちが契約農家さんのところを訪問して、『今年はすごい豊作になりそうだ』という話を聞いたとします。そうしたら、会報やカタログなどを通して、その情報を会員さんにお伝えするんです。すると、『そんなに豊作なら、我が家もこの野菜を多めに買っておこう』という形で応援してくださる方が、たくさんいらっしゃいます。

また、こんなこともありました。

二〇一八年七月に起きた西日本豪雨で、大阪の農家も大きな被害を受けました。能勢でも、ビニールハウスの入り口から押し寄せた泥流でトマトが全滅したりしました。そういうとき、グループ内で野菜を多少融通し合ったりはしますが、それ以外のところから買ってきて欠品を補うということはしません。会員の皆さんには、『今回、欠品となり、申し訳ありません』とおわびをすることになります。それでも納得してくださる方が多いのです」

地場農家の野菜作りをよつば農産が支え、そのよつば農産を会員の皆さんが支えているのだ。

2 イタリアの本物のスローフードを日本に

現地まで行き、生産の現場を目で確かめて取引する

よつ葉では、イタリア、タイ、カンボジア、タンザニアなど、諸外国の生産品も取り扱っている。

それらの多くは、よつ葉の担当者が直接現地に赴くなどして、生産者の様子を確かめた上で、取引をしているものである。

その一例として、ここではイタリアからのオーガニックワインにスポットライトを当ててみよう。

イタリアは南北一〇〇〇kmに広がる国であり、多様な気候に育まれた「食材の宝庫」である。そこから生まれた食文化の豊かさは、世界に冠たるものだ。

また、イタリアはいわゆる「スローフード」運動の発祥の地でもある。一九八六年、「ファストフード」の対立概念として「スローフード」を提唱したのは、イタリアの著名な作家カルロ・ペトリーニ（スローフードインターナショナル会長）で

ONGARO
BRUT
METODO CLASSICO

ある。その土地の伝統的な食文化や食材を見直そうとする「スローフード」運動は、よつ葉の理念とも響き合うものだ。

そうした背景もあり、よつ葉ではイタリアの生産品を多く取り扱ってきた。

例えば、有機作物だけを栽培する農業協同組合である「イリス」の在来種小麦のパスタやひよこ豆。

パルマ地方の名高い牛乳生産者マッシモ・グラネッリさんがオーガニックで作り上げた、「イタリア・チーズの王様」と呼ばれる「パルミジャーノ・レッジャーノ」。ウンブリア州で、有機農法でオリーブを育て自ら搾油し、イタリアでも何度も受賞しているデーチミの、高品質なオリーブオイル。

エミリア・ロマーニャ州のオルシ農園が、有機栽培のブドウで作ったバルサミコ酢……などである。

それらの人気食品と並んで、よつ葉の会員たちに人気が高いのが、イタリア各地域の種類がそろったオーガニックワインである。その生産者の一人が、シチリアの、ブルーノ・フェッラーラ・サルドさんである。

二〇一九年夏に来日したブルーノさんは、よつ葉の会員との交流会「イタリアワインとごはんを楽しむ会」にも参加した。

「遠く離れた日本で、どのような人たちが私のワインを味わってくださっているのだろうと、いつも考えていました。日本でその方々と直接交流することができたのは、私にとって大きな喜びでした」

そのブルーノさんとよつ葉を結びつけたのは、広島大学准教授で文化人類学者の松嶋健さんだ。イタリアの食文化・歴史にも精通した松嶋氏は、よつ葉の理念に共鳴し、よつ葉とイタリアの生産者を結びつけるコーディネーター役を、自ら買って出た人である。

ブルーノさんへのインタビューにも松嶋氏は同席し、イタリア語通訳も務めてくれた。

「よつ葉とのつながりができたのは、私が博士論文を書くためにイタリアに留学していたときのことです。当時、よつ葉の関連団体でもある『地域・アソシエーション研究所』が、「人民の家」のようなイタリアの草の根社会運動の現場を見て回るツアーというのを企画し、私はその通訳と案内役を頼まれたんです。

そのツアーに参加されていたのが、当時ひこばえの代表だった鈴木明美さんでした」

鈴木明美さんはそのツアーで、地元の食材をふんだんに用いたウンブリア州のスローフード協会の夕食会に参加したとき、オリーブオイルやワインのおいしさにいたく感動した様子だったという。

「『こういう素晴らしい品を、よつ葉でもぜひ扱いたいです』と鈴木さんが言われて……。それが、よつ葉でイタリアの生産品を扱うようになった最初のきっかけだったのです」

生産品の背景にある「物語」までも重視する

松嶋さんと鈴木明美さんの出会いがきっかけとなり、イタリアでオーガニックな手法を貫く生産者たちとよつ葉を結びつける「よつ葉・イタリアプロジェクト」がスタートした。二〇〇四年のことである。

そのプロジェクトで松嶋さんとコラボレートしたのが、友人であったシニア・ソムリエのルカ・ブロッツィさんと、その弟マルコ・ブロッツィさんであった。

「私たちは輸入業者ではないので、『イタリアのどこそこにこういう生産者がいるけど、彼の商品を扱ったらどうですか?』というふうに、よつ葉に助言をし、取引自体はイタリアの生産者とよつ葉が直接行うわけです。私とルカ、マルコの三人はイタリアのいろんなところに行って、これはと思う生産者を探しました。実際に畑

「よつ葉・イタリアプロジェクト」を一緒に立ち上げた松嶋健さんとルカ・ブロッツィさん

を見に行って、本人と話をして、『この人とその産品はよつ葉に紹介すべきだな』というものを見つける。ブルーノさんも、そうやって探した生産者の一人です。

私たちが紹介したいと思う生産者は、ほとんどが家族規模でオーガニックなやり方をしている人たちですから、生産規模も小さいです。例えばブルーノさんの場合、畑は一ヘクタールほどで、年間生産本数はわずか二〇〇〇～三〇〇〇本です。だから、日本の大きな商社が仲買して取引するようなレベルではない。仲介なしで生産者から直接買い付けるよつ葉のやり方に、ちょうど合っていたのです」

松嶋さんがよつ葉とコラボレートすることを決めたのは、規模が合っていたことだけが理由ではない。もう一つ、重要なポイントがあったという。

「スローフードの創始者カルロ・ペトリーニの著作を読むとわかりますが、スローフード運動というのは、単に『食の安全を求めてオーガニックフードを食べましょう』とか、『ゆっくりと食を楽しみましょう』というだけのものではなくて、食を出発点にして社会について考え、変えていこうという社会運動、思想運動なんですね。

だからこそ、単に最終製品としてのワインやオリーブオイルを売ればいいというものではない。その背景にある生産者の考え方とか、生産物を育んできたその地域の歴史や文化まで紹介することで現在の食や農のあり方を変えていくことにつながらないと、コラボレートする意味がないと私たちは考えました。

その点、よつ葉は元々社会運動の側面が強く、生産者の志・思想を重視していこうとする考え方があるし、会員さんたちに生産品の背後にある物語を紹介するためのメディアも持っていました。だから、よつ葉と一緒にやるなら意味があると思ったのです」

本物のオーガニックワインを追い求めて

松嶋さんは、『ひこばえ通信（現・よつばつうしん）』二〇〇八年五月号（第二六二号）に寄稿した文章の中で、次のように述べている。


《私たち（松嶋さんとブロッツィ兄弟）がよつ葉に紹介しようと考える生産者を選ぶ基準はいたってシンプルである。それは、つくる人とつくられた物、そしてそれが生み出される環境とが、一体のものであるかどうか、ということに尽きる。

有機農業といっても、そのやり方も考え方も色々ある。何か一つのやり方や一つの考え方をスタンダードとして規則化し、それに従わせるのは、本当の意味での

「有機農業」からはほど遠いことだろう。だから、やり方も考え方もてんで違っていていい。ただ、それがその土地とそこで生育する植物や動物と、そして生産者にとって必然性があり一貫性があればよい。そして、このようにして生み出された物がおいしければそれでよい。（中略）

食べることは単なる栄養補給行動なのではなく、まさに「文化」の中心をなすものである。（中略）ブロッツィ兄弟とともに私が行おうとしてきたことの眼目は、単なる商品の輸入ではなく、「文化」の媒介者たらんとするところにある》

まさにここで言われているような、生産者と生産物とそれを生み出す環境が「一体」になった例として、ブルーノさんのワインは見いだされたのだ。

「オーガニック農産物がブームになって、よく売れるようになると、売るための看板としてオーガニックという言葉を利用するものも増えてきました。

ＥＵ（欧州連合）でオーガニックワインの正式な規定が作られたのは二〇一二年になってからですが、それ以前には、『有機栽培のブドウで造ったワイン』という規定があるだけでした。つまり、畑では有機栽培であっても、醸造所ではいくらでも手を加えることが可能だったわけです。そこで醸造過程においても規範をつくることで、初めて「オーガニックワイン」として認証されるようになりました。ただ、そこでの亜硫酸塩のような添加物の規定量はかなり緩く設定されています。

それは、ドイツのような北方の生産者の都合に配慮した規定だからだと言われています。イタリアの温暖な土地なら添加物ゼロのオーガニックワインが造れても、北の寒いほうではそうはいかない。だからといって、イタリアで許容量ぎりぎりの亜硫酸塩を添加してオーガニックワインと称しても、考え方の根本が違っていると思うのです」（松嶋さん）

一方、ブルーノさんら、よつ葉と契約しているイタリアのワイン生産者は、「売らんかな」の看板だけのオーガニックではなく、本物のオーガニックワインを造っている。

ブルーノさんのブドウ畑は、シチリア島の東部、ヨーロッパでもっとも高地にある活火山として知られるエトナ山の麓にある。エトナ山の斜面が公園になった「エトナ公園」の中に位置しており、極めて風光明媚《めいび》な場所である。

その地で、ブルーノさんは自然農法でブドウを育て、殺虫剤や除草剤などの農薬は一切使わない。また、ワイン醸造においても、最低限の介入しかしない。自然にアルコール発酵が始まるのを待ち、何も加えず、調合せず、一二カ月から一八カ月の間、ワインが熟すのをひたすら待つのだ。

「健康な土壌があり、だからこそ完璧なブドウとワインができる」――そのようなシンプル極まるワイン哲学を、ブルーノさんは持っているという。

ブルーノさんの家族は、祖父の代からエトナの地でワイン造りを始めていた。ブドウへの愛情は祖父から学んだ。

人々が耕し、剪定《せんてい》する姿を見て育った。子どもの頃のいちばん楽しかった思い出は、子どもから大人までが一緒になってにぎやかに行ったブドウの収穫だという。まさに、土地と一体化したワイン造りに人生をささげてきた人なのだ。

「ただ、ブルーノさんがやっているようなワイン造りを、『自然のままに任せて、何の管理もしないで行う造り方』だと思ってしまうと、それは違います。

温度などの管理も注意深く行わなければならないし、独特の土壌とか、その土地の水の性質に合わせた造り方をしなければならない。

醸造過程で最低限の介入しかしないといっても、単なるほったらかしではない。長年の間に培われ、洗練された、注意深い観察とコントロールが行われているのです。それは、他のワイン生産者にはまねのできないものでしょう。ブルーノさん独自のやり方で、自然農法と無添加醸造でブドウ作り、ワイン造りをするからこそ、

オーガニックワイン生産者の一人、シチリアのブルーノ・フェッラーラ・サルドさん

エトナの土地が持つ潜在力を最大限引き出したおいしいワインになるのです。

一方、例えばワインの糖度を上げるために化学肥料を使って甘いブドウを作ると、その年のワインは糖度が上がったとしても、それは土地の潜在力以上のものを無理やり引き出しているわけですから、そのやり方では早晩土地がへたるか、ブドウの樹がへたってしまうわけです。ブルーノさんはそういう目先のおいしさを追うようなやり方はしていないということです」


「よつ葉でワインを販売していることを誇りに思います」


ブルーノさんに、ワイン造りの基本的な姿勢を聞いた。

「気候やブドウの状態は、年によって変わってきます。私はその年の状態に合わせたワインを造ります。例えば、酸度が高くなる年もあれば、タンニンが強い年もあり、アルコール度がやや低くなる年もあります。その年なりのいちばんおいしいワインが造れれば、それでいいのです。私は市場のためにワインを造っているのではなく、自分がいちばんよいと思うワインを造っているのですから……。

『こういうワインでなければいけない』という固定された理想を追い求めて、毎年

二〇一八年にはよつ葉の消費者会員がブルーノさんの畑を訪問

変化するものをそれに合わせて一定化しようとするのは、私のやり方ではありません。それでは、土壌やブドウの樹に無理をさせることになるからです」

よつ葉からブルーノさんに最初のコンタクトがあったのは、二〇〇八年のことだったという。

以来一〇年以上、ワイン流通のためのパートナーとしてよつ葉と付き合ってきて、今思うところをブルーノさんに伺った。

「よつ葉の人たちに私のワインを提供してきたことを、私は誇りに思っています。というのも、よつ葉の会員の皆さんは、全員ではないかもしれないけれど、先ほど話したような、私が考えるワインのおいしさというものを、十分理解してくれていると感じるからです。

実は二〇一八年、よつ葉の会員の中から参加者を募って、私のエトナのブドウ畑と醸造所を見学するツアーが組まれました。そのとき接した会員さんたちの姿から、『ああ、この人たちは私のワインの理想を共有してくださっている』と感じたのです。そして今回、来日してよつ葉の皆さんと接することで、その印象はますます強まりました。

飲食物の大量生産・大量流通ばかりが幅を利かす現代社会にあって、オーガニッ

二〇一九年にはブルーノさんが来日してよつ葉の消費者会員と交流を深めた

クワインを消費者に届けるいちばんいいやり方を、よつ葉は選んでいると思う。シチリアから遠く離れた日本の地に、私のワインを理解してくださる方々がいることに、感動しています」

よつ葉の志を共有する生産者を探し、対等なパートナーとして手を携えて進む――そのようなやり方の一端が、ブルーノさんとの関係の中にも示されているといえよう。

第7章

よつ葉と
会員を結ぶ接点
「産直センター」

―「産直センター」が担うのは
配達だけではない。
会員と心を通わせるという
大切な役割を担っている

「産直センター」はよつ葉の最前線

すでに述べた通り、よつ葉は食べものの「生産→流通→消費」という流れに、すべて関わる総合的ネットワークである。

そして、そのネットワークの「先端」ないし「最前線」ともいうべき部門が、関西各地域に計二〇カ所ある「産直センター」だ（産直は、もちろん「産地直送」の略）。「東大阪産地直送センター」「西京都共同購入会」「よつ葉ホームデリバリー奈良南」「やさい村」など名称はさまざまだが、いずれも「よつ葉ホームデリバリー」会員への配送を担う拠点である。

各産直センターの何よりの特徴は、関西よつ葉連絡会の下部団体ではなく、それぞれが独立採算の別法人であること。そして同時に、それぞれがよつ葉を構成する団体として、同じ志を共有し対等な関係にあることだ。

よつ葉の他部門との連携も密接で、各部門の代表が集う定例的会合も多い。また、人材交流も盛んで、産直センターから他部門へと異動する例も少なくない。

そして、会員とじかに接する産直センターの配達員たちこそ、よつ葉における最大の「タッチポイント（顧客接点）」である。そこからフィードバックされた会員の声に、いかにきめ細かく対応するか——それこそがよつ葉の生命線とも言える。

この章では、産直センターの日々の仕事ぶりと、センターが果たしている役割を、現場の声から掘り下げてみよう。

会員と配達員の間に生じる親しみ

「産直センター」の一つで、大阪府箕面市にある「産地直送センター」で代表を務めるのが、稲原裕さんだ。

稲原さんは、今から一六年前に入社。八年前から代表を務めている。元々は稲原さんの祖父母が、京都府亀岡市の地場農家としてよつ葉に野菜を納品していたのが、よつ葉との最初の縁であったという。

「僕の父も祖父の後を継いで地場農家としてよつ葉に納品しているので、三代続けての縁ということになります。

自分も将来は野菜を扱う仕事に就きたいと、子どもの頃から漠然と考えてはいたんです。で、大学を出てからバイト生活を続けていたので、『そろそろちゃんと就職しなあかんな』と思って、祖父の口利きでここに入ったといういきさつです」

今、各産直センターの代表は、稲原さんと同じ四〇代くらいが八割方を占めるという。その多くは配達の現場に入社して、経験を積む中で責任者になるという、いわば〝現場からのたたき上げ〟である。

確かに、現場を熟知していなければ代表は務まらないだろう。また、稲原さんも含め、代表就任後も配達の現場に出続けている人がほとんどである。デスクワークに終始するのではなく、あくまでも現場重視である。

産直センターの仕事ぶりを、稲原さんに語っていただこう。

「うちのセンターの配送エリアは箕面市・豊中市・池田市です。三市合わせて二三〇〇名くらいの会員さんに対して、カタログ『ライフ』で注文してもらった商品を個別に配達するのが主な業務です。

それと、うちの場合、豊中の曽根駅前にある『ふるさと広場　曽根店』も運営しています。よつ葉で扱っている品物――例えば地場野菜や季節の果物、豆腐、肉、パン、自然食品などを、そこで販売しています。

今、うちは社員の配達員が僕を含めて七名。他に、パートで配達をお願いしている人が四名います。それだけの人数で三市・二三〇〇名を担当しているので、忙しいといえば忙しいですね。

産地直送センター 代表
稲原裕さん

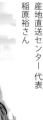

『ふるさと広場』の店舗は、小さいお店なので社員が店長を務めて、他は四、五人のパートで店を回しています」

配達員の中には女性もいる。

「よつ葉の会員は圧倒的に女性が多く、中でも主婦層がメインです。だからこそ、女性の配達員のほうがきめ細かく対応できる部分はありますね。

男の配達員だと、独身でも自炊はまったくしない人もいて、配達の際に料理方法などを聞かれてもうまく答えられない面があります。その点、女性配達員の多くは自分も主婦で料埋もしますから、同じ主婦目線で対話できるし、アドバイスがしやすいのです。それは女性配達員のいいところですね」

今後、よつ葉全体で女性配達員が増えていくかもしれない。

＊

稲原さんの産直センターでは、一人の配達員が一日に回る会員は、だいたい六〇～七〇軒。注文が多いときで八〇軒程度だという。回るコースはほぼ固定されているので、毎回同じお宅に配達することになり、会員とは顔見知りになる。

「よつ葉の配達は月曜から金曜まで、週五回あります。週五日フルで配達をするド

箕面市にある「産地直送センター」の事務所兼倉庫

ライバーの場合、曜日ごとに違うコースを走ります。逆に、会員さんのほうから見れば、よつ葉の配達員がやって来るのは週一回ということになります。

担当コースの変更はたまにありますが、定期的に変更すると決まっているわけではありません。なので、キャリアの長い配達員になると、一〇年以上もずっと同じコースを担当し、同じ会員宅に配達することがあります。僕の場合も、代表になる前は一〇年くらい同じコースの配達を担当していました」

週に一回、配達で接する機会が何年も積み重なれば、接触時間はごく短いとはいえ、だんだん互いに気心も知れてくる。

「例えば、会員さんから『〇〇を注文したいんだけど、オススメはある？』と聞かれて、オススメの品を伝えたとします。それを相手が頼んで、次の配達のときに『あれ、おいしかったよ。ありがとう』とお礼を言われたりする……配達を通じてそういう触れ合いも生まれるわけです。その積み重ねで信頼関係が生まれていれば、何かクレームになるようなことが起こったとしても、話がこじれなくて済むことが多いですね。互いをよく知っているからこそです」

例えば、注文した商品に何か不具合があった場合、会員の多くはそれを配達員に伝える。各会員にとっては、家にやって来る配達員こそが「よつ葉の顔」であるか

会員宅への配送は個別配送で丁寧に届けられる

らだ。そして、配達員はその時に、ある程度わかっている範囲で問題の原因や事情を説明し、わからないことは「調べてご返答します」といって、できるだけ自分で調べて自ら対応する。つまり、配達員はある意味でクレーム処理係も兼ねているのだ。

今の世の中、いわゆる「クレーム対応」は、リスク管理として、お客様係やコールセンターに外注化されていることがほとんどである。しかし互いを知らないし、顔も見えないことや、いかにもマニュアル的な対応で、言いたいことが伝えられなかったり、中には話がこじれてしまったケースも多いと聞く。その点よつ葉では、配達員が直接会員の声を受け止めることで潤滑油・クッションとなって、スムーズに進んでいる面があるのだ。

営業マンでもあり、アンテナでもある配達員

産直センターの配達員たちは、その日配達する注文品を、自分で倉庫からピックアップして車に載せる。だからこそ、日によって変わる野菜や果物などの状態も、自分の目と手で確認できる。

「『先週の大根は大きかったのに、今週は小ぶりだなあ』とか、『今日のキュウリは

形がよくないなあ』とか、そういう細かい違いも全部把握した上で配達できるわけです。

配達のときに対面できる会員さんには、『今日の大根、前回より小さめですけど』というふうに、きちんと伝えながら手渡せます。その一言があるとないとでは、会員さんが受ける印象は全然違ってくると思います」

産直センターの配達員は、生産の現場に触れる機会も多い。例えば、新人に対する研修の中には、生産現場の見学・体験も含まれている。それ以後も、生産者との交流会などを通じて、配達員たちは「自分たちが運んでいる野菜などが、どのように作られているか？」をよく知っている。だからこそ、会員に野菜などの状態を的確に伝えることもできるのだ。

工業生産品とは違い、野菜などは天候その他の条件によって出来がバラつく。産直センターの配達員たちは、そのバラつきについても熟知している。

「生産現場が責任をもって作った品物を、僕たちは責任をもってお届けするということです。その責任の中には、商品についてきちんと学んで把握しておくことも含まれていると思うんです」

産直センターの配達員たちは、ただ物を運んで手渡すだけの仕事ではない。配達

朝の積み込み時に野菜などの様子も配達員自ら確認する

を通じて会員とコミュニケーションをとることも、仕事のうちなのだ。

「オートロックのマンションが増えたり、共働きが当たり前になっていたりして、配達のときに直接会えて対話できる会員さんは、昔に比べて明らかに減っています。

配達コースによっては、ほとんどが『置き配』(留守でも指定された場所に注文品を置いておく)だという場合もあります。全体の平均からいっても、おそらく会員さんの半分以上は置き配なのが現状です。

そういう時代だからこそ、対面して品物を渡せる会員さんは貴重な存在だし、その人たちとのコミュニケーションは大切にしないといけません。僕も、うちの配達員たちに『対面できる会員さんには、二言三言でもいいから世間話をするようにしなさい』とよく言っています。それをやっていかないと、ただ品物を運ぶだけの無機的な関係に終わってしまうので」

配達員と会員とのコミュニケーション――その積み重ねが、会員の声を的確に拾い集めるためのアンテナにもなる。

よつ葉では『ライフ』を通じて会員の声を集める努力も重ねているが、それだけでは不十分だ。気心の知れた配達員に対して語る「ホンネ」は、よそ行きではない、会員たちの生の声であるからだ。各配達員が集めた会員の声こそ、よつ葉がもっとも耳を傾けるべき声なのだ。

逆に、配達員から各会員に、よつ葉や地域のさまざまな情報——商品情報からイベント情報まで——を伝える面もある。商品や生産者のことだけでなく、時には子育てや介護のこと、原発のことなど地域の出来事や取り組みを伝えたりもする。

さらに、各産直センターの配達員たちは、よつ葉ホームデリバリーの新規会員開拓を担う営業マンでもある。配達するだけでなく、地域の各所で試食会や説明会を行ったり、時には飛び込みでよつ葉のことを知ってもらう活動も重要な役割なのだ。

その点でも、会員と細やかなコミュニケーションを取ることは、大きな力になる。現会員が、友人・知人を新規会員候補として紹介してくれるケースも多いからだ。

会員が他エリアの親戚や友人などを紹介してくれるケースや、会員本人が他エリアに引っ越しする場合もある。そのような場合、産直センター同士の横のつながりが活かされ、該当エリアの配達員が訪問することになる。

要するに、各地域の配達員たちは、よつ葉全体に張り巡らされた毛細血管のような役割を果たしているのだ。

配達員と会員との「結びつき」

二〇拠点あるよつ葉の産直センターの中で、いちばんの都市部、大阪市内全域を担っているのが、「大阪産地直送センター」だ。

その代表を務める松原竜生さんもよつ葉の特徴は「結びつき」の強さだと言う。

松原さんはよつ葉で働き始めて一八年。元々、食の安全への意識が強く、「自分が安心して食べられるもの、大切な人に食べさせたいと思うものの流通に携われることに魅力を感じて」よつ葉に入社したという。

「僕は、配送の仕事はよつ葉しか知りません。だからよそと比べることはできないのですが、他のメンバーは、配送の仕事をあれこれ経験してきた人が割と多いんです。そういう人たちは口をそろえて、『よつ葉の会員さんはあったかいからいい』と言いますね。

〝配達に行っても、友人・知人に接するように応対してくれる。よその仕事で配達をやっていたとき、届け先の人に冷たく対応されて傷ついたことが何度もあるけど、よつ葉ではそういうことがない〟というのです」

そのような「あったかさ」の背景には、産直センターの各配達員が、普段から会

松原竜生さん

員とのコミュニケーションを重視してきた積み重ねがある。

「例えば、配達先がお年寄りだけの世帯だと、配達のついでに電球を交換してあげたり、重い家具を動かしてあげたり、そういうことはごく自然にありますね。自分では動かしにくいので、『次によつ葉さんが配達に来たときに頼もう』と思って待っているわけです。

もちろん、それはうちの仕事の範疇ではありませんが、杓子定規に『そういうことは、うちではやっていません』と断るのではなく、気楽に『ああ、いいですよ』と。そういう気安さが、よつ葉にはあると思います」

単に配達の効率だけを考えるなら、それは他の会員宅への配達を遅らせる「無駄な行動」ということになってしまうが……。

「いや、よつ葉ではそういう考え方はしないと思います。もちろん、著しく配達が遅れるようなことならともかく、電球一個取り換えたり、家具を一つ動かしたりする時間なんて、ごく短いですから。効率をギスギス追い掛けるより、会員さんとのコミュニケーションのほうが優先です」

そうした配達員の対応が、時には会員の命を守ることすらある。

「うちではなく、よその地域での話ですが……。高齢のご夫婦二人暮らしの会員宅に配達に行ったら、ご主人が倒れていて、奥さんもどうしたらいいかわからなくてオロオロしていて、配達員が救急車を呼んで一命を取り留めたというケースがあったようです。たまにそういう類いの話がありますね」

週一回のよつ葉の配達が、〝巧まざる見守り〟にもなっているのだ。

よつ葉職員の多様性こそが強み

産直センターの強みの筆頭が会員との「結びつき」の強さであるとしたら、それ以外の強みは何だろうか？

松原さんは、「配達員たちが学び続ける姿勢」、「よつ葉各部署の相互連携」、そして「配達員の個性を活かす多様性」の三つを挙げた。

「自分たちが扱っている商品についての勉強会なら、他の生協さんとかでもやっているでしょう。それはもちろんうちでもやっています。生産現場を見学したりすることもその一環ですね。

うちの場合、それ以外に、関西よつ葉連絡会の歴史そのものとか、よつ葉に一貫して流れる理念についての勉強会、さらに今社会で起きていること、例えば原発や地球温暖化についての学習会もあるんです。それはたぶん、同業他団体にはなかなかない試みだと思います」

例えば、二〇ある産直センターからそれぞれ新人やキャリアの浅い配達員を集め、よつ葉の草創期からの歴史を知るメンバーが講師となって、〝よつ葉スピリット〟を学ぶ会が開かれたりするという。

「よつ葉がどういうことをしてきたか、いろんな壁をどう乗り越えてきたかを学ぶことによって、今やっている自分の仕事へのモチベーションが上がると思います」

二つめに挙げた、「よつ葉各部署の相互連携」については、次のような例を挙げる。

「よつ葉のグループ各社は、各地域ごとだったり、各部門ごとに独立した会社なので、一つひとつはどこもそんなに余裕のある態勢ではやっていないと思います。なので、お盆や年末の繁忙期や、職員やパートさんが病気や急用などがあると、人手が不足してしまうことがあるのです。

そんなときには、少し余裕のあるところが応援・手伝いに行くこともよくあります。場合によっては、配達スタッフが製造工場や物流センターの現場に入ったり、あるいは、逆のこともあります。コロナ以降はそういう機会がなくなっていますが、大規模な『食フェスタ』のようなイベントによつ葉として出展するようなときには、いくつかの産直センターや製造工場と事務局スタッフが協力して取り組みます。

そういうグループ各社間の協同や助け合いは、割と自然な感じでやってますね」

そして、松原さんが挙げるもう一つの強みが、「配達員の個性を活かす多様性」――。

「よつ葉全体に、『一人ひとりが持つ個性を大事にしよう』という文化が根強くあると思うんです。

よつ葉は、誰か一人のカリスマが鶴の一声で物事を決めるという組織ではありません。どんな問題についてもみんなが自由に意見を言えて、その意見が対等に重んじられている……それがよつ葉の大きな美点だと、僕は感じています。美点といっても、そのせいでなかなか物事が決まりにくいというマイナス面もあるんですけど」

個性と多様性を重んじる「よつ葉の文化」――それが、産直センターの配達員の豊かな個性にもつながっていると、松原さんは言う。

「もちろん、同業他団体の配達員だって、個性的な人は多いと思います。ただ、他団体の場合、〝プライベートでは個性を発揮しても、仕事中は没個性でないといけない〟みたいなところがある感じがするんです。

よつ葉の配達員の場合、そろいのユニフォームがないせいもあるだろうけど(笑)、仕事中にもそれぞれが個性を発揮できる感じがあります。多様性を許容する自由さが、うちにはある。

先ほどの電球を交換する話もそうですが、目先の効率だけで、配達員を縛らない。中には、配達先で会員さんと雑談しながら野菜の調理方法を教えてもらってくる配達員もいる。でも、そんな中から会員さんが講師になって料理教室ができたりもする。だから、組織も同じだと思うんです。産直センターやよつ葉全体に多様性があればあるほど、この先、社会や経済がどんなふうになっても、地域の人たちと共に支え合って何とかやっていける――そんな気がしています」

個性豊かな配達員たちが、担当エリアの地域社会に深く溶け込み、会員たちとあたたかく触れ合う……そのような産直センターは、今後もよつ葉の大切な「最前線」であり続けるだろう。

第8章

「食べものは命」を根底に、消費者と「きちんと向き合う」

―よつ葉を貫く不変の理念とは?

「食という営み」を見つめ直す

本章では、関西よつ葉連絡会の歴史を肌で知る古参スタッフたちの証言から、黎明期から現在までよつ葉を貫く不変の理念を浮き彫りにしてみよう。

その理念は、よつ葉にとっての憲法ともいうべき「よつ葉憲章」に集約されている。

「よつ葉憲章」

1. 私たちは食は自然の恵み・人も自然の一部という価値観に重きを置き、自然との関わりを大切にする、安心して暮らせる社会を求め、その実現にむけて行動します。
2. 私たちはモノよりも人にこだわります。バラバラにされた生産・流通・消費のつながりをとりもどし、そして人と人とのつながりを作り直します。
3. 私たちは食生活の見直しを通じて、世界の人々の生活を考え、共に生きる道をめざします。
4. 私たちは目先のとりあえずの解決より、根本的な未来に向けた暮らしの創造をめざします。

5．私たちは志を同じくする団体や個人との協同を、小異を超えて追求します。

この五項目の憲章が単なる理想ではなく、実際によつ葉の「生産→流通→消費」の中に息づいていることは、ここまでの各章でご理解いただけたと思う。

ただし、「よつ葉憲章」に掲げられたこれらの理念は、連絡会誕生の当初からあったわけではないようである。

一九七六年、よつ葉は、「有機農業運動」と「食品公害追放の消費者運動」の高まりの中、大阪の地で産声を上げた（ただし、「関西よつ葉連絡会」として発足したのは一九八〇年）。この年、他の消費者団体メンバーと協力し、よつ葉牛乳の共同購入を始めたことが始まりだった。同年八月には農場を開くための作業が始まり、一〇月に「能勢農場」が開場式を迎える。

だが、黎明期には、「よつ葉憲章」にあるような理念に向ける意識は、まだ希薄だった。長らくひこばえの代表を務めた鈴木明美さんは、「当時は生活の糧という意識のほうが強かったですね」と振り返る。また、第5章で登場した鈴木伸明さんも、次のように言う。

「食べもののことを深く考えるようになったのは、もう少し後ですね。食べものというものが社会のありようと深く結びついていることに、だんだん気付いてからです」

そもそも、黎明期のよつ葉には、食べものに関するプロフェッショナルが一人もいなかった。農業のプロも畜産のプロも、食品流通のプロも経営のプロもいなかった。ある意味で素人集団がゼロから立ち上げたのがよつ葉であり、だからこそ、スタート時点で食べものに関する高邁《こうまい》な理想は持ちようがなかったとも言える。

よつ葉草創期を支えた人々には、一九六〇年代末から一九七〇年代初頭の熱い「政治の季節」の中で、学生運動や政治運動に深く関わった人が多かった。だが、一九七二年に、「連合赤軍事件」が発覚すると、その衝撃が学生運動・政治運動を一気に退潮させた。よつ葉の草創メンバーたちも、事件の衝撃を真正面から受けた立場である。

「連合赤軍事件で感じた失望は、強烈なものでしたね。権力奪取をすべてとする政治運動の行き着く先みたいなものが見えてしまった感じでした」

と言うのは、すでに何度も登場している津田道夫さん。

「あの事件をきっかけにして、別の道——連合赤軍事件の挫折を乗り越えるような別の運動のやり方を、学生運動に関わっていた人たちの一部が模索し始めたんだと思います。

そして、探し当てた別の道の一つが、地域に根付いて社会変革をめざすという道で、その現場が農業であり畜産だったのです。うちと今でも付き合いのあるところの中で、島根のやさか共同農場[*1]とか、北海道の知床興農ファーム[*2]などは、学生運動から次の展開を模索した人たちが始めたものです。連合赤軍事件以降、全国各地で同時多発的に起きたそうした動きの一つが、振り返ってみれば我われのよつ葉だったのかもしれません。

それは、人が自然を相手にして汗を流す暮らしの中で、学生運動が元々めざしていた原点に立ち返ろうとする試みでした」

「農業を選んだ人が多かったのは、お金がかからないということも大きかったんですよ。学生運動崩れの連中はだいたいお金を持っていなかったから、貸してくれる土地さえあれば身一つでできる農業は入りやすかったのです」

見よう見まねで農業や畜産に取り組み、流通も自前の宅配で行うようになると、既成の農業・畜産・流通のよくない点が、だんだん見えてくる。すると、最初は「生活の糧」という意識が強かった取り組みが、少しずつ社会運動としての色合いを帯びていった。各メンバーが、「食べものというものが社会のありようと深く結

＊1　やさか共同農場
島根県浜田市（旧弥栄村）にある、農業と農産加工を行う共同農場（代表、佐藤大輔氏）。よつ葉には予約米や野菜、味噌、甘酒などを届けてもらっている。

＊2　知床興農ファーム
北海道東部、知床半島の付け根、標津町にある放牧主体の牛・豚の畜産と畑作の複合循環型農業をめざす農場（代表、清水信吾氏）。よつ葉には豚肉を届けてもらっている。

びついていること」に気付いたのだ。

「食という営み」のありようを変えることを通じて、社会を変えることもできる——関西よつ葉連絡会が行っていることは、草創メンバーたちがそれ以前に取り組んでいた政治運動と地続きである。それは本質的には〝食の営みを変えることによる社会変革〟の運動なのである。

「食べものは命」故、大切に扱う

関西よつ葉連絡会の月刊の通信物、『よつばつうしん』は、かつて『ひこばえ通信』と題されていた。また、よつ葉グループの中で商品企画と仕入れ・カタログ制作を担う会社が「ひこばえ」であるなど、「ひこばえ」の語は関西よつ葉連絡会を象徴する重要キーワードとなっている。

「ひこばえ（蘖）」とは、樹木の切り株や根元から生えてくる小さな若芽のこと。「ひこ」とは孫の意であり、元の樹木を祖父母に、若芽を孫に見立ててこう呼ばれるのだという。俳句では春の季語にもなっている。

元の樹を切り倒されても、その残りの部分から新しい若い命が生まれてくる。そ

よつ葉は生産者－職員－消費者をつなぐ通信物にも力を入れていて、会の内外からも高い評価を受けている

して、小さなひこばえが長い年月の間には大樹に成長し、新たな森林を形成する――その姿に、関西よつ葉連絡会の人々は命のたくましさ、生命力の不思議を感じ取り、自分たちの活動を象徴するキーワードに据えたのである。

「うちの連中は、なんぼ踏みつけられても死なんような、強く生きとる人間ばかりですからね。うちにぴったりの言葉です」

と、関西よつ葉連絡会事務局長の田中昭彦さんは笑う。そういう含みもあるだろうが、何よりもまず、「命を大切にする思い」が、「ひこばえ」という言葉には込められている。

「まあ、『食べものは命』である以上、できるだけ食べものは大切にしていこうというのが、よつ葉の基本ですからね。食とは命をいただく行為であり、もっと言えば、人間そのものも命の循環の中の一つの歯車でもある、と……。そういうことを常に意識していかないといかんと、私たちは考えています。何年か前に、よつ葉の交流会でそんなテーマで話し合いをしたこともありましたね」

「食べものは命」故、大切に扱う――この「よつ葉の基本」が示されている端的な例として、田中さんは、第3章で取り上げた「よつば農産」の地場野菜買い取りシステムを挙げる。

関西よつ葉連絡会事務局長、田中昭彦さん

「契約した地場農家の人たちが作ったものを、できた分は全部一定の価格で買い取るという取り組みです。普通はそんなことはしません。生産者に必要な分を発注して送ってもらうというのが普通ですから。全国的に見ても、地場農家と契約してできた分を全部買い取るなんてことをやっているのはおそらくよつ葉だけです。まあ、大阪・京都の四地区（「摂丹百姓つなぎの会」を通じて）限定でやっているから何とか成り立っているのであって、これを関西全域に広げたらとても無理でしょうが、四地区限定でも画期的だと思います」

地場野菜買い取りシステムが「画期的」なのは、作った野菜を無駄にすることを極限まで減らす仕組みであるからだ。

今、フード（食品）ロスが社会問題化している。先進国の中でも日本はフードロスを減らす取り組みが遅れていて、毎年約二七〇〇万トンものフードロスが発生しているといわれる。これは、米の年間生産量の倍以上に上る莫大な量だ。

「一般に、フードロスの問題でやり玉に挙げられるのは、飲食店の食べ残しとか、家庭の台所から出るロスとか、コンビニで期限切れの弁当を廃棄するロスとか、そういうことでしょう？　でも実は、農業分野にも巨大なフードロスがあるんですよ。農業生産者がきちんと作った野菜でも、売れないものはみんな廃棄されてしまうんですから。

例えば、市場の価格が上下しますね。あまり価格が下がると、農家はもう出荷しないんです。売っても利益が出ないし、手間だけかかってしまうから、出荷しないほうがまだましなんです。

そういう場合にどうするかというと、せっかく作った野菜を自分の畑に全部すき込んでしまうんです。でも、そのような出荷前のフードロスは一般消費者には見えないから、全然問題になっていない。見えない巨大なフードロスです」

よつ葉の地場野菜買い取りシステムは、そのような〝出荷前のフードロス〟を生むことがない。野菜もまた命であり、できるだけ無駄にはしたくないという思いから作り上げた、手間暇のかかる仕組みなのである。

「トップ」が存在しない、フラットな組織体

「よつ葉について、外部の人からよく言われるのは、『どこと交渉したら話が進むのかが、まったくわからない組織だ』ということです」

「つまり、一般企業でいうところの経営トップに当たる人やセクションが、よつ葉

にはないんですね。中心があるようでないんです。

例えば、関西よつ葉連絡会全体の組織図を見ると、連絡会事務局が全体を統括しているような印象も受けるかと思います。じゃあ、関西よつ葉連絡会の現代表である中川健二さんがトップかというと、そういうわけではない。

そもそも、事務局が全体を統括しているというわけでもありません。事務局には『よつばつうしん』の編集部が置かれていたり、ウェブサイトなどの広報部門を担当していて、大切な役割ではありますが、全体の中心ではない。もっぱら事務的な機能、連絡・調整機能を担っているのです」

「よつ葉に対して何らかのクレームを言ってきた人が、連絡会事務局に電話してきて、『最終的な責任は事務局が負うわけですね？』と聞いてきたりすることがあります。『いや、そういうわけではないんですよ』と答えるしかないんです。『担当部署にはきつく言っておきますので』と言って電話を切るしかない」

「一方、よつ葉の各部門で扱うお金、事業規模がいちばん大きいのは、仕入れや企画を担っているひこばえでしょう。しかし、だからといってひこばえが中心かというえば、そういうわけでもない。要するに、企業体というよりは集合体。一種の協同組合的な、古い言葉で言えば『集団指導体制』であって、中心やトップは存在しないのです」

関西よつ葉連絡会の代表で、最古参メンバーの一人でもある中川健二さんは、よつ葉という組織のありようについて、次のように言う。

「草創の頃から、全体のことはみんなで話し合って決めるのがよつ葉の流儀です。誰か一人が組織を統率して、みんなを取り仕切るというやり方になったことは一度もありません。私は便宜上連絡会の代表という立場になっていますが、よつ葉全体のリーダーだという意識はまったくありません。『リーダーは誰ですか？』と聞かれたら、『リーダーはみんなだよ』と答えます。

誰か一人、どこか一つの部門が全体を統率しているのではなく、『よつ葉憲章』に書かれているような理念・志によって結ばれているのです。よつ葉の組織はピラミッド型ではなく、フラットな組織。誰が偉いというわけではなく、皆が対等なパートナー・同士なのです」

これを受けて鈴木伸明さんは言う。

「『よつ葉憲章』のような共通の理念があって、それに沿っている限りは、各部門が自由に発想して、それぞれのやりたいことをやるというのがよつ葉のやり方です。それで、ある部門のやっていることに問題が生じた場合、あるいは他から見て

関西よつ葉連絡会代表、中川健二さん

よつ葉の理念に外れているんじゃないかと思った場合には、それをみんなで話し合う場もあります。月一回の『代表者会議』という場がそれです。その会議の場でみんなで話し合って、改善策を考える。でもそれは、上からの意見をその部門に一方的に押し付けるというものではありません」

各人が同志的に結ばれた、トップが存在しないフラットな組織――そうしたありようは、よつ葉の淵源が学生運動にあったことと関係しているのかもしれない。一般的な企業とは、そもそもの成り立ちからして異なるのだ。

「ただ、最近入ってきた若手から見ると、よつ葉の組織のそのようなあり方が〝無責任体制〟に見えてしまう場合も、ままあるようで、若い子からそう言われることがあるんです。『一体、どこで何を決めているんですか？　無責任じゃないですか？』と……」

「でも、そういうことを言っている子というのは、要は消費者目線でしかよつ葉を見ていないわけじゃないですか。僕はそう言われたら、『もっと主体的によつ葉に関われ。そうすれば、誰かに何かを指示されなくても、自分がやるべきことが見えてくるはずだ』と言い返しますよ」

「『上に決めてもらえないと、何をしていいかわからない』というのは、いかにも今時の若い人ですね。私たちが若い頃は、むしろ『一人で勝手に決めるな。皆で話し合って決めろ』と言われてつるし上げを食ったものですが……。そういうところにも時代の変化を感じますね」

「若い人であっても年配者に忌憚《きたん》なく意見を言えるのが、よつ葉のいいところだと思います。でも、今の若手にはそのことが十分理解されていないような気がします。批判的な意見はあまり言いたがらない。こんなことを言ったら若い人に対する偏見と言われるかもしれませんが……。

昔の代表者会議は、本当に言いたいことを言い合って、毎回侃侃諤諤《かんかんがくがく》やっていましたからね。灰皿が飛び交ったり、椅子をバーンと蹴って部屋を出ていったり……。まあ、今は禁煙なので灰皿は飛び交いませんが（笑）」

「でも、会議の席で誰かから批判されても、それを根に持つということはなかったですね。それはよつ葉をよくするため、全体を底上げするための批判だと、みんなわかっているから。みんなで話し合って決めるというのが民主主義の基本なわけで」

学生運動から出発したメンバーが多いだけに、議論を大事にすることがよつ葉のよき伝統になっている。その伝統が若手には十分受け継がれていないのではないかと、草創期からよつ葉を支えてきた世代は少し憂えているようだ。

とはいえ、今もよつ葉全体には、「上の者には絶対服従」などという、一般企業にはありがちな〝権力構造〟がない。フラットな組織体故だろう。

敢えて「バカ正直」であり続けてきた

「最近、インターネットの掲示板ゆうんかなァ、そういうところでよつ葉がどう言われているのかを見たら、『バカ正直な団体や』という評価がありました(笑)。まあ、『バカ』がつくのがちょっと気になりますけど、よつ葉に対する評価として的を射ていると思うし、褒め言葉として受け取ってもいいように思います」

よつ葉独特の「バカ正直」さ——それは、自分たちに都合の悪いことが起きたとき、会員や一般消費者に対して包み隠すことが一切なく、すべてをオープンにする対処の仕方に示されている。

「例えば、一九八六年のチェルノブイリ原発事故の後、うちは扱っている牛乳を京都大学の研究所に送って、セシウム数値などを全部調べてもらって、公表しました。今ではいろんな団体がそういう調査を行って結果を公表していますが、当時はまだ他はどこもやっていなかったんです。うちが最初にやったんですよ」

検査の結果ごく微量であったが、数値はゼロではなかった。遠く離れたチェルノブイリの原発事故が、北海道産の牛乳にも影響を与えていたのである。おそらくは牛が食べる牧草が微量ながらも放射能を帯びていたのだろう。

当然、放射能が検出されたということをネガティブに受け止める会員も、当然少なくなかった。

「検査結果を公表してからしばらくは、牛乳の注文が三分の一くらい減りましたね。牛乳はメイン商品の一つですから、注文が一時期激減したことは、よつ葉にとってとても大きな打撃でした。

でも、逆に、『よく公表してくれた』と言って、他の団体からよつ葉会員に戻ってきてくれた人も少なくなかったんです。つまり、その人たちは私たちの正直な姿勢を評価してくれたわけです。

長い目で見たら、他に先駆けて調査結果を公表したことは、よつ葉にとって大きなプラスになりました。そのときの教訓として、『何かの問題が起きたときには、やっぱりちゃんと向き合わないといけない』ということを、私たちみんなが肝に銘じました。そのうち嵐も去るだろうみたいに黙ってやり過ごすような対処の仕方は、長い目で見たら絶対マイナスになる。事実がどうなのかということを、包み隠さず、会員の皆さん、ひいては世間に向けてオープンにしないといけないのです」

もう一つの例は、二〇〇三年に起きた、ある養鶏組合による冷蔵保存卵出荷事件。その養鶏会社が五カ月以上前に採卵した卵を冷蔵保存しておき、よつ葉のみならず複数の会社・団体に販売していたことが、週刊誌に報じられて発覚した事件である。

当然、安全確保に対する不安が広がった。他の団体の中には、事件を機にその養鶏組合との取引を一切取りやめたところもあった。

「でも、よつ葉はその会社との取引をやめなかったんです。私たち運営側のメンバーで話し合って、『取引をやめてトカゲの尻尾切りみたいなことをするより、なぜそんなことが起きたのか、これからどう再発防止していくのかをその養鶏組合と話し合って、新たな関係を築いていくことのほうが大切だ』という結論になったのです。

でも、取引をやめなかったことについて、内部からも批判があったし、よつ葉の会員さんからもかなり批判を浴びました。『どうしてそんな会社の卵を売り続けているんですか？』と……」

「あのときは、事件の影響で会員もかなり減ったし、何より卵の売上が大きく下がりました。相手の養鶏組合はよつ葉にとって最大の卵の取引先でしたから、影響も大きかったのです」

「そことの取引をやめないという結論を出してから、私たちは何カ月もかけて話し合いを行いました。なぜ事件が起きたのか、今後どう変えていくのかなど……。並行して、二〇カ所ある産直センターに私たちとその養鶏組合の代表が出向いて、卵を扱う現場の人たちと対話していったんです。謝罪してもらって、説明をして、現場からの意見ももちろん聞いて。

また、よつ葉会員の皆さんに対しては、広報紙などを通じて何度もこの件についてのお知らせを打ちました。なぜ取引をやめなかったのか、今後についてどう考えているのかを……」

「週刊誌に記事が出てすぐに取引をやめた某団体について、私は率直に言うと『ずるい』と思いましたね。団体側にも、自分たちがその卵をずっと扱って売ってきたという責任があるはずです。それなのに、生産者側にすべての責任を負わせて、自分たちは被害者顔でしたからね」

これはよつ葉の正直な姿勢を示すとともに、取引先とのパートナーシップを重んずる姿勢の現れでもあろう。

そのように、何かの問題が起きたとき、「ちゃんと向き合う」こと、曖昧な態度で黙ってやり過ごしたりしないことを、よつ葉はずっと重んじて歩んできた。そのことによって信頼を勝ち取ってきたのだ。


最終章を執筆するに当たり、中川さんをはじめ草創期を代表するメンバーを取材したのには理由がある。それは、関西よつ葉連絡会というグループが、どのようにして運営されているかをできるだけ正確に伝えたかったからである。

世の中には数多くの企業があり、それぞれの理念を掲げ、さまざまな事業活動を行っている。よつ葉連絡会は馬鹿が付くほどの正直な組織だが、世の中のほとんどの企業は、合法的にまっとうなビジネスを営み、従業員に給与を支払い、利益を生み出し、社会に貢献している。どんな企業、団体であれ、嘘や偽装はあり得ないし、あれば、それは犯罪として処断されるだろう。

それでは、そうした企業と関西よつ葉連絡会との間にどんな違いがあるのだろうか。よつ葉連絡会の誕生した理由やその運営の根幹にある憲章＝理念が、一般の企業とめざすところとは大きく違うのだ。私はそこにこそ、よつ葉連絡会の独自性があると確信している。

本書を閉じるに当たり、最後に本書冒頭に紹介させていただいた「よつ葉憲章」をもう一度ご覧いただけないだろうか。

四五年前、大地へと帰って行った青年たちが求めた「安心して暮らせる社会」も「世界の人々の生活を考え、共に生きる道をめざす」ことは、未だ実現されないことではあるけれども、今、地球の東西、南北を超え、世界中の誰もが望む目標となった。

今、世界中の人々が真剣に「安心して暮らし、手を取り合って共に生きる道」を探すべき時代が到来した。私は、関西よつ葉連絡会の活動がそうした社会を生み出す原動力であり、また、けん引力となっていくことを信じて止まない。

おわりに

今から四五年前、青年たち一人一人がどのような思いで、農業の道を選んだのか。その想いは本書冒頭の「よつ葉憲章」にその魂が刻まれている。「食」という視点から世界と社会を見つめ、モノよりも人にこだわり、人と人とのつながりを作り直すとの宣言は、四五星霜を経て、朽ちるどころかますますその重みを増している。

やがて、青年たちは自らの手に鍬や鋤を握り土と向かい合い、ハンマーやドライバーを手に自らの手に工場を建て、供給を受けるだけの単なる消費者団体ではなく、自らも「生産」活動に従事することとなった。

やがて、その労苦と歓喜は見事な収穫をもたらすことになる。青年たちの情熱は多くの人々を結び付け数百人の仲間たちと四万世帯にも及ぶ家族の食を支える「使命」となって、二〇二〇年代に大きな花を咲かせたのである。

私は、本書の取材を通じて、この日本でも類を見ない、都市型でありながら生産地と直結し、自らも生産・製造・加工を行う関西よつ葉連絡会の原点に、世界と社会へ向けてのメッセージがあることを強く感じてきた。

そして、そこで働く人々の人間性に触れ、関西よつ葉連絡会の「人にこだわる」姿に何度も心を動かされた。

「リーダーとは『希望を配る人』のことである」とナポレオンは語ったというが、二〇二一年の今、社会を変える原動力を持つのは、きちんとした『食を配る人』に変わっていくのかもしれない。

著者

【著者】

岡田晴彦（おかだ・はるひこ）

1959年東京生まれ。1985年株式会社流行通信入社。『X-MEN』、『流行通信homme』の広告部門を担当、1995年同社退社後はフリーの編集者としてファッションブランドのマーケティングリサーチ、月刊誌等の企画制作を担当、制作会社勤務を経て、2000年株式会社ダイヤモンド・セールス編集企画（現・ダイヤモンド・ビジネス企画）に入社、『ダイヤモンド・セールスマネジャー』・『ダイヤモンド・ビジョナリー』編集長を経て、2007年より同社取締役編集長。「ビジネスの現場にこそ、社会と人間の真実がある」がモットー。著書に『絆の翼　チームだから強い、ANAのスゴさの秘密』（2007年）、『テクノアメニティ』（2012年）、『陸に上がった日立造船』（2013年）、『復活を使命にした経営者』（2013年）、『ワンカップ大関は、なぜ、トップを走り続けることができるのか？』（共著・2014年）、『12人で「銀行」をつくってみた』（2017年）、『食（おいしい）は愛（うれしい）』（2018年）、『サラリーマンショコラティエ』（2018年）、『現場に生きる』（2019年）、『ドキュメンタリー　店舗銀行』（2020年）などがある。

きちんと「食べる」、きちんと「暮らす」

食材にこだわり、笑顔を届ける「関西よつ葉連絡会」の45年

2021年1月19日　第1刷発行

著者 ―――――― 岡田晴彦

発行 ―――――― ダイヤモンド・ビジネス企画

〒104-0028
東京都中央区八重洲2-7-7 八重洲旭ビル2階
http://www.diamond-biz.co.jp/
電話 03-5205-7076（代表）

発売 ―――――― ダイヤモンド社

〒150-8409　東京都渋谷区神宮前6-12-17
http://www.diamond.co.jp/
電話 03-5778-7240（販売）

編集協力 ―――― 前原政之
制作進行 ―――― 駒宮綾子
装丁 ――――― 上田英司（シルシ）
イラスト ―――― 高木隆太
DTP ―――――― 齋藤恭弘
撮影 ――――― 宇野真由子・原田康雄（ケタケタスタジオ）
企画原案 ―――― 若月優典
印刷・製本 ――― 中央精版印刷株式会社

ISBN 978-4-478-08474-8